都市緑地法改正法
〔令和６年〕

新旧対照条文等

〈重要法令シリーズ120〉

信山社
4420-0101

＜目　次＞

＊ページ数は上部にふられたもの

◈都市緑地法等の一部を改正する法律〔都市緑地法改正法〕

（令和6年5月29日第40号。一部を除き、令和6年11月8日施行）

・要綱 ･･･ 1

・法律 ･･･ 15

・理由 ･･･ 88

・新旧対照条文 ･･･ 89

・参照条文 ･･･ 177

都市緑地法等の一部を改正する法律案要綱

第一　都市緑地法の一部改正

一　国土交通大臣が定める基本方針

1　国土交通大臣は、都市における緑地の保全及び緑化の推進に関する基本的な方針（以下「基本方針」という。）を定めなければならないものとすること。

2　基本方針においては、次に掲げる事項について定めるものとすること。

(1)　緑地の保全及び緑化の推進の意義及び目標に関する事項

(2)　緑地の保全及び緑化の推進に関する基本的な事項

(3)　緑地の保全及び緑化の推進のために政府が実施すべき施策に関する基本的な方針

(4)　都道府県における緑地の保全及び緑化の目標の設定に関する事項その他の二の1の広域計画の策定に関する基本的な事項

(5)　市町村における緑地の保全及び緑化の目標の設定に関する事項その他の三の1の基本計画の策定に関する基本的な事項

(6) (1)から(5)までに掲げるもののほか、緑地の保全及び緑化の推進に関する重要事項

（第三条の二関係）

二 都道府県が定める広域計画

1 都道府県は、基本方針に基づき、当該都道府県の緑地の保全及び緑化の推進に関する計画（以下「広域計画」という。）を定めることができるものとすること。

2 広域計画においては、緑地の保全及び緑化の目標、都道府県の設置に係る都市公園の整備及び管理に関する事項等を定めるものとすること。

（第三条の三関係）

三 市町村が定める基本計画

1 市町村が定めることができる当該市町村の緑地の保全及び緑化の推進に関する基本計画（以下「基本計画」という。）は、基本方針に基づき、広域計画を勘案して定めるもの等とすること。

2 基本計画の記載事項に、特別緑地保全地区内における緑地の有する機能の維持増進を図るために行う事業であって高度な技術を要するものとして国土交通省令で定めるもの（以下「機能維持増進事業」という。）の実施の方針等を追加するものとすること。

3　2の実施の方針に、市町村又は六の1の都市緑化支援機構（以下「支援機構」という。）が特別緑地保全地区内の土地において行う機能維持増進事業に関する事項を定めることができるものとすること。

（第四条関係）

4　基本計画において定められた特別緑地保全地区内の土地における2の実施の方針に従って行う行為については、特別緑地保全地区における行為の制限の対象外とするものとすること。

（第十四条第九項関係）

四　都市緑化支援機構による特定緑地保全業務

1　都道府県（市の区域内にあっては当該市。以下「都道府県等」という。）は、特別緑地保全地区内の土地の所有者から当該土地の買入れの申出があった場合において、必要があると認めるときは、支援機構に対し、六の1の(1)から(4)までに掲げる業務（以下「特定緑地保全業務」という。）を行うことを要請することができるものとすること。

2　支援機構は、1の要請に係る土地が一定の基準に該当すると認めるときは、当該要請をした都道府県等に対し、特定緑地保全業務を実施する旨を通知するものとすること。

3　2の通知をした支援機構及び2の都道府県等は、特定緑地保全業務の実施のための協定（以下「業務実施協定」という。）を締結するものとすること。

4　支援機構は、業務実施協定の内容に従って、特定緑地保全業務を行うものとすること。

（第十七条の二関係）

五　機能維持増進事業の実施に係る都市計画に関する特例

1　市町村が三の2の実施の方針を定めた基本計画を公表した場合において、当該市町村が都市計画に特別緑地保全地区内の土地を都市施設である緑地として定めるときについては、都市計画の決定等に係る手続の一部を要しないもの等とすること。

（第十九条の二関係）

2　市町村は、三の3の事項として、1により都市計画に定められた緑地の整備に関する事業の施行について都市計画事業の認可に関する事項を定めることができるものとし、当該事項が定められた基本計画が公表されたときは、当該事業を実施する市町村又は支援機構に対する都市計画事業の認可があったものとみなすものとすること。

（第十九条の三関係）

六　都市緑化支援機構の指定

1　国土交通大臣は、都市における緑地の保全及び緑化の推進を支援することを目的とする一般社団法人又は一般財団法人であって、次に掲げる業務（以下「支援業務」という。）に関し一定の基準に適合すると認められるものを、その申請により、全国を通じて一に限り、都市緑化支援機構として指定することができるものとすること。

(1)　四の1の都道府県等の要請に基づき、特別緑地保全地区内の土地を買い入れること。

(2)　(1)の買入れに係る土地の区域内において機能維持増進事業を行うこと。

(3)　(1)の買入れに係る土地の管理を行うこと。

(4)　一定の期間内において都道府県等への(1)の買入れに係る土地の譲渡を行うこと。

(5)　七の4の認定事業者に対し、七の2の緑地確保事業の実施のために必要な資金の貸付けを行うこと。

(6)　緑地の保全及び緑化の推進に関する情報の収集及び提供、必要な助言及び指導、調査等を行うこと。

(7)　(1)から(6)までに掲げる業務に附帯する業務を行うこと。

（第六十九条及び第七十条関係）

2　支援機構は、特定緑地保全業務に関する規程を定め、国土交通大臣の認可を受けなければならないものとすること。（第七十一条関係）

3　国土交通大臣は、支援業務の適正かつ確実な実施を確保するために必要な限度において、支援機構に対し、支援業務に関し監督上必要な命令をすることができるものとすること。（第七十八条関係）

4　国土交通大臣は、支援機構が一定の要件に該当するときは、その指定を取り消すもの等とすること。（第七十九条関係）

七　優良緑地確保計画の認定

1　国土交通大臣は、都市における緑地の保全及び緑化の推進による良好な都市環境の形成を図るために緑地確保事業者（その事業において都市における緑地の整備、保全その他の管理に関する取組を行う事業者をいう。以下同じ。）が講ずべき措置に関する指針（以下「緑地確保指針」という。）を定めるものとすること。（第八十七条関係）

2　緑地確保事業者は、その実施する都市における緑地の確保のための取組（以下「緑地確保事業」という。）に関する計画（以下「優良緑地確保計画」という。）を作成し、当該優良緑地確保計画が緑地確保指針に適合するものである旨の国土交通大臣の認定を申請することができ、国土交通大臣は、その旨を認めるときはその認定をするものとすること。

3　国土交通大臣は、2の認定のための審査に当たっては、その申請に係る優良緑地確保計画の緑地確保指針への適合性についての技術的な調査（以下「調査」という。）を行うものとすること。

（第八十八条関係）

4　国土交通大臣は、2の認定を受けた者（以下「認定事業者」という。）が計画に従って緑地確保事業を行っていないと認めるときは、当該認定事業者に対し、相当の期限を定めて、その改善に必要な措置をとるべきことを命ずることができ、認定事業者が当該命令に違反したときは、認定を取り消すことができるものとすること。

（第九十一条関係）

5　都市再生推進法人は、認定事業者に対し、当該認定事業者が実施する緑地確保事業に関する知識を有する者の派遣、情報の提供、相談その他の援助を行うことができるものとすること。

（第九十四条関係）

八　登録調査機関

1　国土交通大臣は、その登録を受けた者（以下「登録調査機関」という。）に調査の全部又は一部を行わせることができるものとすること。（第九十五条関係）

2　登録調査機関は、調査を行うことを求められたときは、正当な理由がある場合を除き、遅滞なく、調査を行わなければならないものとすること。（第百条関係）

3　登録調査機関は、調査の業務に関する規程を定め、国土交通大臣の認可を受けなければならないものとすること。（第百二条関係）

4　国土交通大臣は、登録調査機関に対し、調査を行うべきこと又は業務の方法の改善に関し必要な措置をとるべきことを命ずることができるものとすること。（第百九条関係）

5　国土交通大臣は、登録調査機関が一定の要件に該当するときは、その登録を取り消さなければならないもの等とすること。（第百十条関係）

九　罰則について、所要の規定を設けるものとすること。（第百十五条、第百十七条及び第百二十条関係）

十　その他所要の改正を行うものとすること。

第二　古都における歴史的風土の保存に関する特別措置法の一部改正

一　国土交通大臣が定める歴史的風土の保存に関する計画の記載事項に、歴史的風土特別保存地区（以下「特別保存地区」という。）内における機能維持増進事業の実施の方針を追加するものとすること。

（第五条関係）

二　都市緑化支援機構による特定土地保全業務

1　府県は、特別保存地区内の土地の所有者から当該土地の買入れの申出があった場合において、必要があると認めるときは、支援機構に対し、三の業務（以下「特定土地保全業務」という。）を行うことを要請することができるものとすること。

2　支援機構は、1の要請に係る土地が一定の基準に該当すると認めるときは、当該要請をした府県に対し、特定土地保全業務を実施する旨を通知するものとすること。

3　2の通知をした支援機構及び2の府県は、特定土地保全業務の実施のための協定（以下「土地保全業務実施協定」という。）を締結するものとすること。

4　支援機構は、土地保全業務実施協定の内容に従って、特定土地保全業務を行うものとすること。

（第十三条関係）

三　支援機構は、支援業務のほか、次に掲げる業務を行うことができるものとすること。

1　二の1の府県の要請に基づき、特別保存地区内の土地を買い入れること。

2　1の買入れに係る土地の区域内において機能維持増進事業を行うこと。

3　1の買入れに係る土地の管理を行うこと。

4　一定の期間内において府県への1の買入れに係る土地の譲渡を行うこと。

5　1から4までに掲げる業務に附帯する業務を行うこと。

（第十四条関係）

四　その他所要の改正を行うものとすること。

第三　都市開発資金の貸付けに関する法律の一部改正

一　国は、支援機構に対し、第一の六の1の(1)、(2)及び(5)並びに第二の三の1及び2の業務に要する資金を貸し付けることができるものとすること。

（第一条第九項関係）

二　一の貸付金は無利子とするものとすること。

（第二条第二項関係）

三　その他所要の改正を行うものとすること。

第四　都市計画法の一部改正

一　都市計画区域について定められる都市計画は、都市における自然的環境の整備又は保全の重要性を考慮して定めなければならないものとすること。（第十三条第一項関係）

二　支援機構は、一定の要件に該当する土地の区域について、都道府県又は市町村に対し、都市における緑地の保全及び緑化の推進を図るために必要な都市計画の決定又は変更をすることを提案することができるものとすること。（第二十一条の二第三項関係）

三　その他所要の改正を行うものとすること。

第五　都市再生特別措置法の一部改正

一　都市再生整備事業を施行しようとする民間事業者は、当該都市再生整備事業が都市の脱炭素化の促進に資するものであると認めるときは、民間都市再生整備事業計画に、緑地、緑化施設又は緑地等管理効率化設備（緑地又は緑化施設の管理を効率的に行うための設備をいう。以下同じ。）及び再生可能エネルギー発電設備、エネルギーの効率的利用に資する設備その他の都市の脱炭素化に資する設備（以下「再生可能エネルギー発電設備等」という。）の整備に関する事業の概要等の事項を記載することができるもの等とすること。

（第六十三条及び第六十四条関係）

二　民間都市開発推進機構は、一の事項が記載され国土交通大臣の認定を受けた民間都市再生整備事業計画に係る都市再生整備事業の施行に要する費用の一部として、緑地等管理効率化設備及び再生可能エネルギー発電設備等の整備に要する費用について支援等することができるものとすること。

（第七十一条及び第七十一条の二関係）

三　立地適正化計画は、第一の三の1の基本計画との調和が保たれたものでなければならないものとすること。

（第八十一条関係）

四　都市再生推進法人の業務に、都市再生整備計画の区域における緑地等管理効率化設備又は再生可能エネルギー発電設備等の管理を行うことを追加するものとすること。

（第百十九条関係）

五　その他所要の改正をするものとすること。

第六　附則

一　この法律は、一部の規定を除き、公布の日から起算して六月を超えない範囲内において政令で定める日から施行するものとすること。

（附則第一条関係）

二　所要の経過措置を定めるものとすること。
（附則第二条及び第三条関係）

三　この法律の施行状況に関する検討規定を設けるものとすること。
（附則第四条関係）

四　その他所要の改正を行うものとすること。
（附則第五条から第十九条まで関係）

都市緑地法等の一部を改正する法律

（都市緑地法の一部改正）

第一条　都市緑地法（昭和四十八年法律第七十二号）の一部を次のように改正する。

目次中「基本計画（」を「基本方針及び計画（第三条の二―」に、「第十九条」を「第十九条の三」に、「第七章　緑地保全・緑化推進法人（第六十九条―第七十四条）」を

「第七章　都市緑化支援機構（第六十九条―第八十条）
第八章　緑地保全・緑化推進法人（第八十一条―第八十六条）
第九章　優良緑地確保計画の認定等
第一節　優良緑地確保計画の認定（第八十七条―第九十四条）
第二節　登録調査機関等

に、「第八章」を「第十章」に、「第七十五条」を「第百十三条・

（第九十五条―第百十二条）　　　」

第百十四条」に、「第九章」を「第十一章」に、「第七十六条―第八十条」を「第百十五条―第百二十条」に改める。

第二章の章名中「基本計画」を「基本方針及び計画」に改め、同章中第四条の前に次の二条を加える。

（基本方針）

第三条の二　国土交通大臣は、都市における緑地の保全及び緑化の推進に関する基本的な方針（以下「基本方針」という。）を定めなければならない。

２　基本方針においては、次に掲げる事項を定めるものとする。

一　緑地の保全及び緑化の推進の意義及び目標に関する事項

二　緑地の保全及び緑化の推進に関する基本的な事項

三　緑地の保全及び緑化の推進のために政府が実施すべき施策に関する基本的な方針

四　都道府県における緑地の保全及び緑化の目標の設定に関する事項その他の次条第一項に規定する広域計画の策定に関する基本的な事項

五　市町村における緑地の保全及び緑化の目標の設定に関する事項その他の第四条第一項に規定する基本計画の策定に関する基本的な事項

六　前各号に掲げるもののほか、緑地の保全及び緑化の推進に関する重要事項

3　基本方針は、国土形成計画法（昭和二十五年法律第二百五号）第六条第二項に規定する全国計画及び環境基本法（平成五年法律第九十一号）第十五条第一項に規定する環境基本計画との調和が保たれたものでなければならない。

4　国土交通大臣は、基本方針を定めようとするときは、関係行政機関の長に協議しなければならない。

5　国土交通大臣は、基本方針を定めたときは、遅滞なく、これを公表しなければならない。

6　前三項の規定は、基本方針の変更について準用する。

（広域計画）

第三条の三　都道府県は、都市における緑地の適正な保全及び緑化の推進に関する措置で主として都市計画区域内において講じられるものを総合的かつ計画的に実施するため、基本方針に基づき、当該都道府県の緑地の保全及び緑化の推進に関する計画（以下「広域計画」という。）を定めることができる。

2　広域計画においては、おおむね次に掲げる事項を定めるものとする。
一　緑地の保全及び緑化の目標
二　緑地の配置の方針その他の緑地の保全及び緑化の推進の方針に関する事項
三　緑地の保全及び緑化の推進のための施策に関する事項
四　都道府県の設置に係る都市公園（都市公園法第二条第一項に規定する都市公園をいう。次条第二項第四号において同じ。）の整備及び管理に関する事項
五　町村の区域内の緑地保全地域内における第八条の規定による行為の規制又は措置の基準
六　特別緑地保全地区内における第十七条の規定による土地の買入れ及び買い入れた土地の管理に関する事項
3　広域計画は、環境基本法第十五条第一項に規定する環境基本計画との調和が保たれるとともに、景観法（平成十六年法律第百十号）第八条第二項第一号の景観計画区域をその区域とする都道府県にあつては同条第一項の景観計画との調和が保たれ、かつ、都市計画法第六条の二第一項の都市計画区域の整備、開発及び保全の方針に適合するとともに、首都圏近郊緑地保全区域をその区域とする都県にあつて

は首都圏保全法第四条第一項の規定による近郊緑地保全計画に、近畿圏近郊緑地保全区域をその区域とする府県にあつては近畿圏保全法第三条第一項の規定による保全区域整備計画に、それぞれ適合したものでなければならない。

4　都道府県は、広域計画を定めるときは、あらかじめ、公聴会の開催その他の住民の意見を反映させるために必要な措置を講ずるよう努めるとともに、関係市町村の意見を聴かなければならない。

5　都道府県は、広域計画に第二項第五号に掲げる事項を定める場合においては、当該事項について、あらかじめ、都道府県都市計画審議会の意見を聴かなければならない。

6　都道府県は、広域計画を定めたときは、遅滞なく、これを公表するよう努めるとともに、関係市町村長に通知しなければならない。

7　第三項から前項までの規定は、広域計画の変更について準用する。

第四条に見出しとして「（基本計画）」を付し、同条第一項中「ため」の下に「、基本方針に基づき（広域計画が定められている場合にあつては、基本方針に基づくとともに、当該広域計画を勘案して）」を加え、同条第二項中第三号を削り、第二号を第三号とし、第一号の次に次の一号を加える。

二　緑地の配置の方針その他の緑地の保全及び緑化の推進の方針に関する事項

第四条第二項中第八号を第十号とし、第七号を第九号とし、第六号を第八号とし、同項第五号中「単に」を削り、同号を同項第七号とし、同項第四号中「事項で次に掲げるもの」を「次に掲げる事項」に改め、同号ニ中「第五十五条第一項又は第二項の規定による」及び「（次章第一節及び第二節において単に「市民緑地契約」という。）」を削り、同号ニを同号ホとし、同号ハ中「第二十四条第一項の規定による」及び「（次章第一節及び第二節において単に「管理協定」という。）」を削り、同号ハを同号ニとし、同号ロを同号ハとし、同号イの次に次のように加える。

ロ　緑地の有する機能の維持増進を図るために行う事業であつて高度な技術を要するものとして国土交通省令で定めるもの（以下「機能維持増進事業」という。）の実施の方針

第四条第二項第四号を同項第六号とし、同号の前に次の二号を加える。

四　市町村の設置に係る都市公園の整備及び管理に関する事項

五　緑地保全地域内の緑地の保全に関する次に掲げる事項（町村にあつては、ロからニまでに掲げる事項）

イ　第八条の規定による行為の規制又は措置の基準
ロ　緑地の保全に関連して必要とされる施設の整備に関する事項
ハ　第二十四条第一項の規定による管理協定（次号ニ、第八条第九項第七号及び第十四条第九項第五号において「管理協定」という。）に基づく緑地の管理に関する事項
ニ　第五十五条第一項又は第二項の規定による市民緑地契約（次号ホ、第八条第九項第八号及び第十四条第九項第六号において「市民緑地契約」という。）に基づく緑地の管理に関する事項その他緑地保全地域内の緑地の保全に関し必要な事項

第四条第五項を削り、同条第四項中「定めようとする」を「定める」に、「開催等」を「開催その他の」に改め、同項を同条第五項とし、同条第三項中「（平成五年法律第九十一号）」、「（平成十六年法律第百十号）」及び「、緑地保全地域をその区域とする市町村にあつては第六条第一項の規定による緑地保全計画に」を削り、同項を同条第四項とし、同条第二項の次に次の一項を加える。

3　前項第六号ロに掲げる事項には、市町村又は第六十九条第一項の規定により指定された都市緑化支援機構（以下この項及び次章第二節において「都市緑化支援機構」という。）が特別緑地保全地区内の土

地において行う機能維持増進事業に関する事項を定めることができる。この場合において、都市緑化支援機構が行う機能維持増進事業に関する事項を定めるときは、あらかじめ、都市緑化支援機構の同意を得なければならない。

第四条第八項中「第四項」を「第三項」に改め、同項を同条第九項とし、同条第七項を同条第八項とし、同条第六項中「第二項第四号イ」を「第二項第五号ロ又は第六号イ若しくはロ」に、「定めようとする」を「定める」に、「同号ロからニまで」を「同項第五号ハ若しくはニ又は第六号ハからホまで」に改め、同項を同条第七項とし、同項の前に次の一項を加える。

6　市は、基本計画に第二項第五号イに掲げる事項を定める場合においては、当該事項について、あらかじめ、市町村都市計画審議会（当該市に市町村都市計画審議会が置かれていないときは、当該市の存する都道府県の都道府県都市計画審議会）の意見を聴かなければならない。

第六条の見出しを「（緑地保全地域における行為の規制等の基準）」に改め、同条第一項中「当該緑地保全地域内の緑地の保全に関する計画（以下「緑地保全計画」という。）を定めなければ」を「第八条の規定による行為の規制又は措置の基準を定め、これを公表しなければならない。この場合において、当該都道府県にあつては、これを関係町村に通知しなければ」に改め、同条第二項から第四項までを削り、同条第五項中「緑地保全計画を定めようとする」を「前項に規定する基準を定める」に改め、同項を同条第二項とし、同項の次に次の一項を加える。

3　前二項の規定は、都道府県等が第三条の三第二項第五号に掲げる事項を定めた広域計画又は第四条第二項第五号イに掲げる事項を定めた基本計画を第三条の三第六項（同条第七項において準用する場合を含む。）又は第四条第八項（同条第九項において準用する場合を含む。）の規定により公表している場合については、適用しない。

第六条第六項を削る。

第八条第二項中「緑地保全計画で定める基準」を「第六条第一項に規定する基準（同条第三項に規定する場合にあつては、第三条の三第二項第五号又は第四条第二項第五号イに規定する基準。第八項において同じ。）」に改め、同条第三項中「前項の」及び「第一項の」の下に「規定による」を加え、同条第四項中「第一項の」及び「第二項の」の下に「規定による」を加え、同条第五項中「第一項の」の下に「規定による」を、「三十日」の下に「（前項の規定により第三項の期間が延長された場合にあつては、その延長された期間）」を加え、同条第七項中「第一項の」の下に「規定による」を、「同項の」の下に「規定により」を加え、「しようと」を削り、同条第八項中「緑地保全計画で定める」を「第六条第一項に規定する」に改め、同条第九項第六号中「緑地保全計画に」を「基本計画において」に、「緑地の」を「当該緑地保全地域内の緑地の」に改める。

第十四条第四項中「行為で」を「行為であつて」に改め、同条第七項中「第四項の」及び「前項の」の下に「規定による」を加え、同条第八項中「しようと」を削り、同条第九項中第六号を第七号とし、第五号を第六号とし、第四号を第五号とし、第三号の次に次の一号を加える。

四　基本計画において定められた当該特別緑地保全地区内の土地における機能維持増進事業の実施の方針に従つて行う行為

第十七条第一項中「第三項」の下に「又は次条第四項」を加え、同条第二項中「規定による」、「又は第六十九条第一項の規定により指定された緑地保全・緑化推進法人（第七十条第一号ハに掲げる業務を行うものに限る。以下この条及び次条において単に「緑地保全・緑化推進法人」という。）」及び「又は緑地保全・緑化推進法人」を削り、同条第三項中「、町村又は緑地保全・緑化推進法人」を「又は町村」に改め、同条の次に次の一条を加える。

（都市緑化支援機構による特定緑地保全業務）

第十七条の二　都道府県等は、前条第一項の申出があった場合において、当該申出に係る土地の規模若しくは形状又は管理の状況、当該都道府県等における同項の規定による買入れのために必要な事務の実施体制その他の事情を勘案して必要があると認めるときは、国土交通省令で定めるところにより、都市緑化支援機構に対し、当該土地（以下この条及び第七十条において「対象土地」という。）について、第七十条第一号から第四号までに掲げる業務（これらに附帯する業務を含む。以下「特定緑地保全業務」という。）を行うことを要請することができる。

2　前項の規定による要請を受けた都市緑化支援機構は、当該要請に係る対象土地が第七十一条第二項第一号に規定する基準に該当すると認めるときは、遅滞なく、当該要請をした都道府県等に対し、特定緑地保全業務を実施する旨を通知するものとする。

3　前項の規定による通知をした都市緑化支援機構及び同項の都道府県等は、当該通知の後速やかに、特定緑地保全業務の実施のため、次に掲げる事項をその内容に含む協定（以下「業務実施協定」という。）を締結するものとする。

一　都市緑化支援機構が第七十条第一号に掲げる業務として行う対象土地の買入れの時期

二　都市緑化支援機構が第七十条第二号に掲げる業務として行う機能維持増進事業の内容及び方法

三　都市緑化支援機構が第七十条第三号に掲げる業務として行う対象土地の管理の内容及び方法

四　都市緑化支援機構が第一号の買入れに係る対象土地を保有する期間（当該買入れの日から起算して十年を超えないものに限る。）

五　前号の期間内において都市緑化支援機構が第七十条第四号に掲げる業務として行う都道府県等への対象土地の譲渡の方法及び時期

六　都市緑化支援機構による第一号から第三号まで及び前号に規定する業務の実施に要する費用であつて都道府県等が負担すべきものの支払の方法及び時期

七　その他国土交通省令で定める事項

4　都市緑化支援機構は、業務実施協定の内容に従つて、前条第一項の申出をした者から対象土地を買い入れるものとする。

５　前項の規定による買入れをする場合における対象土地の価額は、時価によるものとし、当該買入れに要した費用は、第二項の都道府県等が、業務実施協定の内容に従つて負担するものとする。

６　前二項に定めるもののほか、都市緑化支援機構は、業務実施協定の内容に従つて、特定緑地保全業務を行わなければならない。

７　第五項に定めるもののほか、都道府県等は、業務実施協定の内容に従つて、第三項第六号に規定する費用を負担するものとする。

第十八条中「、市町村又は緑地保全・緑化推進法人は、前条第一項又は第三項」を「は、第十七条第一項若しくは第三項」に、「土地」を「土地又は業務実施協定に基づいて都市緑化支援機構から譲渡を受けた土地」に、「第四条第二項第四号ロ」を「第三条の三第二項第六号」に、「基本計画」を「広域計画」に改め、同条に次の一項を加える。

２　前項の規定は、市町村について準用する。この場合において、同項中「第三条の三第二項第六号に掲げる事項を定める広域計画」とあるのは、「第四条第二項第六号ハに掲げる事項を定める基本計画」と読み替えるものとする。

第三章第二節中第十九条の次に次の二条を加える。

（都市計画の決定等に関する特例）

第十九条の二　市町村が第四条第二項第六号ロに掲げる事項を定めた基本計画を同条第八項（同条第九項において準用する場合を含む。）の規定により公表した場合において、当該市町村が都市計画に特別緑地保全地区内の土地を都市計画法第十一条第一項第二号に掲げる施設である緑地として定めるときについては、同法第十六条の規定及び同法第十九条第三項から第五項まで（同法第二十一条第二項において準用する場合を含む。）の規定は適用せず、同法第十九条第一項（同法第二十一条第二項において準用する場合を含む。）中「とする」とあるのは、「とする。ただし、当該都市計画の案について異議がある旨の第十七条第二項の規定による意見書の提出がなかつたときは、その議を経ることを要しない」とする。

（都市計画事業の認可に関する特例）

第十九条の三　市町村は、第四条第三項（同条第九項において準用する場合を含む。）に規定する事項として、国土交通省令で定めるところにより、前条の規定により都市計画に定められた緑地の整備に関する事業の施行について都市計画法第五十九条第一項又は第四項の認可に関する事項を定めることができる。

2　市町村は、基本計画に前項に規定する事項を定める場合においては、当該事項について、国土交通省令で定めるところにより、あらかじめ、次の各号に掲げる場合の区分に応じ当該各号に定める者に協議をするとともに、市にあつては都道府県知事に協議をし、その同意を得なければならない。

一　前項に規定する事業を都市計画事業として施行する場合には都市計画法第五十九条第六項の規定により同項に規定する施設を管理する者の意見の聴取を要することとなるとき　当該施設を管理する者

二　前項に規定する事業を都市計画事業として施行する場合には都市計画法第五十九条第六項の規定により同項に規定する土地改良事業計画による事業を行う者の意見の聴取を要することとなるとき　当該事業を行う者

3　第一項に規定する事項が定められた基本計画が第四条第八項（同条第九項において準用する場合を含む。）の規定により公表されたときは、当該公表の日に第一項に規定する事業を実施する市町村又は都市緑化支援機構に対する都市計画法第五十九条第一項又は第四項の認可があつたものとみなす。

第二十条第一項中「以下同じ」を「第三十九条第一項において同じ」に改め、同条第四項中「第五号及び第六号」を「第六号及び第七号」に改める。

第二十四条第一項中「第六十九条第一項」を「第八十一条第一項」に、「第七十条第一号イ」を「第八十二条第一号イ」に、「一時使用」を「一時的に使用する施設」に改め、同条第三項第一号中「及び緑地保全計画」を削り、「緑地保全計画に第六条第三項第二号」を「基本計画に第四条第二項第五号ハ」に改め、同項第二号中「第四条第二項第四号ハ」を「第四条第二項第六号ニ」に改め、同条第四項中「定めようとする」を「定める」に改め、同条第五項中「締結しようとする」を「締結する」に改める。

第三十条中「第六十九条第一項」を「第八十一条第一項」に改める。

第三十一条第一項中「並びに」を「又は第十七条の二第五項の規定による負担並びに」に、「同条第三項」を「第十七条第三項」に改め、同条第二項中「緑地保全計画」を「基本計画」に改める。

第五十五条第一項中「第六十九条第一項」を「第八十一条第一項」に、「第七十条第一号ロ」を「第八十二条第一号ロ」に改め、同条第二項中「第四条第二項第六号」を「第四条第二項第八号」に、「同項第八号」を「同項第十号」に改め、同条第三項中「（緑地保全地域内にあつては、基本計画及び緑地保全計画。第六十一条第一項第六号において同じ。）」を削り、同条第五項及び第七項中「定めようとする」を「定める」に改める。

第五十七条を次のように改める。

第五十七条　削除

第六十条第一項中「第四条第二項第八号」を「第四条第二項第十号」に改める。

第六十二条第一項中「以下」の下に「この節において」を加える。

第六十七条中「第六十九条第一項」を「第八十一条第一項」に、「第七十条第一号ロ」を「第八十二条第一号ロ」に改める。

第八十条を第百十九条とし、同条の次に次の一条を加える。

第百二十条　第百四条第一項の規定に違反して、財務諸表等を備えて置かず、財務諸表等に記載すべき事項を記載せず、若しくは虚偽の記載をし、又は正当な理由がないのに同条第二項の請求を拒んだ者は、二十万円以下の過料に処する。

第七十九条中「前三条」を「第百十五条第一項又は前二条」に改め、同条を第百十八条とする。

第七十八条中「該当する」の下に「場合には、その違反行為をした」を加え、同条第一号及び第二号中「者」を「とき。」に改め、同条第三号中「第七十二条」を「第八十四条」に、「者」を「とき。」に改め、同条第四号中「、第三十八条第一項（第四十三条第四項において準用する場合を含む。）」を削り、「者」を「とき。」に改め、同条第五号中「若しくは」を「又は」に改め、「又は第三十八条第一項（第四十三条第四項において準用する場合を含む。）の規定による立入検査」を削り、「者」を「とき。」に改め、同条に次の四号を加える。

六　第三十八条第一項（第四十三条第四項において準用する場合を含む。以下この号において同じ。）の規定による報告をせず、若しくは虚偽の報告をし、又は第三十八条第一項の規定による立入検査を拒み、妨げ、若しくは忌避したとき。

七　第七十三条第一項又は第百三条第一項の許可を受けないで、支援業務又は調査の業務の全部を廃止したとき。

八　第七十五条又は第百五条の規定に違反して、帳簿を備えず、帳簿に記載せず、若しくは帳簿に虚偽の記載をし、又は帳簿を保存しなかつたとき。

九　第七十七条第一項若しくは第百七条第一項の規定による報告をせず、若しくは虚偽の報告をし、又はこれらの規定による立入検査を拒み、妨げ、若しくは忌避し、若しくはこれらの規定による質問に対して答弁をせず、若しくは虚偽の答弁をしたとき。

第七十八条を第百十七条とする。

第七十七条中「該当する」の下に「場合には、その違反行為をした」を加え、同条各号中「者」を「とき。」に改め、同条を第百十六条とする。

第七十六条中「含む。）又は」を「含む。）、」に、「の規定」を「又は第百十条第二項の規定」に、「者は」を「ときは、その違反行為をした者は」に改め、同条に次の一項を加える。

2　第七十六条第一項又は第百六条第一項の規定に違反して、支援業務又は調査の業務に関して知り得た秘密を漏らし、又は自己の利益のために使用した者は、一年以下の拘禁刑又は五十万円以下の罰金に処する。

第七十六条を第百十五条とし、第九章を第十一章とする。

第八章中第七十五条を第百十四条とし、同条の前に次の一条を加える。

（国等の援助）

第百十三条　国及び地方公共団体は、都市における緑地の保全及び緑化の推進を図るため、関係地方公共団体、支援機構又は推進法人に対し、必要な情報の提供、助言、指導その他の援助を行うよう努めるものとする。

第八章を第十章とする。

第七章中第七十四条を第八十六条とし、同条の次に次の一章を加える。

第九章　優良緑地確保計画の認定等

第一節　優良緑地確保計画の認定

（緑地確保指針の策定）

第八十七条　国土交通大臣は、都市における緑地の保全及び緑化の推進による良好な都市環境の形成を図るために緑地確保事業者（その事業において都市における緑地の整備、保全その他の管理に関する取組を行う事業者をいう。以下同じ。）が講ずべき措置に関する指針（以下この条及び次条において「緑地確保指針」という。）を定めるものとする。

2　緑地確保指針においては、次に掲げる事項を定めるものとする。
一　周囲の自然環境と調和のとれた緑地又は緑化施設の整備又は設置、地域の自然的社会的条件に応じた多様な動植物の生息環境又は生育環境の確保その他の良好な都市環境の形成に関して緑地確保事業者が取り組むべき事項
二　その他緑地確保事業者による都市における緑地の確保に関する取組の実施に際し配慮すべき事項
3　国土交通大臣は、緑地確保指針を定め、又はこれを変更するときは、あらかじめ、関係行政機関の長に協議しなければならない。
4　国土交通大臣は、緑地確保指針を定め、又はこれを変更したときは、遅滞なく、これを公表しなければならない。

（優良緑地確保計画の認定）

第八十八条　緑地確保事業者は、国土交通省令で定めるところにより、その実施する都市における緑地の確保のための取組（以下「緑地確保事業」という。）に関する計画（以下「優良緑地確保計画」という。）を作成し、当該優良緑地確保計画が緑地確保指針に適合するものである旨の国土交通大臣の認定

を申請することができる。

2　優良緑地確保計画には、次に掲げる事項を記載しなければならない。

一　緑地確保事業を実施する区域の位置及び面積

二　緑地確保事業の内容

三　計画期間

四　緑地確保事業の実施体制

五　資金計画

六　その他国土交通省令で定める事項

3　前項第二号に掲げる事項には、都市再生特別措置法（平成十四年法律第二十二号）第六十三条第三項第一号及び第二号に掲げる事項を記載することができる。

4　国土交通大臣は、第一項の認定の申請があつた場合において、当該申請に係る優良緑地確保計画が緑地確保指針に適合していると認めるときは、その認定をするものとする。

5　国土交通大臣は、第一項の認定のための審査に当たつては、国土交通省令で定めるところにより、その申請に係る優良緑地確保計画の緑地確保指針への適合性についての技術的な調査を行うものとする。

6　国土交通大臣は、第一項の認定をする場合において、その申請に係る優良緑地確保計画に記載された緑地確保事業の実施に係る行為が次の各号に掲げる行為のいずれかに該当するときは、当該優良緑地確保計画について、あらかじめ、当該各号に定める者に協議し、かつ、当該行為が第三号に掲げる行為に該当するものである場合にあつては、その同意を得なければならない。

一　首都圏近郊緑地保全区域又は近畿圏近郊緑地保全区域内において行う行為であつて、首都圏保全法第七条第一項又は近畿圏保全法第八条第一項の規定による届出をしなければならないもの　都府県知事（当該行為が指定都市の区域内において行われるものである場合にあつては、当該指定都市の長）

二　緑地保全地域内において行う行為であつて、第八条第一項の規定による届出をしなければならないもの　都道府県知事等

三　特別緑地保全地区内において行う行為であつて、第十四条第一項の許可を受けなければならないもの　都道府県知事等

7　都道府県知事等は、前項第三号に掲げる行為に係る優良緑地確保計画について同項の協議があつた場

合において、当該協議に係る緑地確保事業の実施に係る行為が第十四条第二項の規定により同条第一項の許可をしてはならない場合に該当しないと認めるときは、前項の同意をするものとする。

8　国土交通大臣は、第一項の認定をしたときは、当該認定を受けた緑地確保事業者の氏名又は名称及び当該認定に係る優良緑地確保計画の内容を公表するものとする。

（変更の認定等）

第八十九条　前条第一項の認定を受けた緑地確保事業者は、当該認定に係る優良緑地確保計画を変更するときは、国土交通省令で定めるところにより、あらかじめ、国土交通大臣の認定を受けなければならない。ただし、国土交通省令で定める軽微な変更については、この限りでない。

2　前項の変更の認定を受けようとする者は、国土交通省令で定めるところにより、変更に係る事項を記載した申請書を国土交通大臣に提出しなければならない。

3　前条第一項の認定（第一項の変更の認定を含む。以下「計画の認定」という。）を受けた緑地確保事業者（以下「認定事業者」という。）は、第一項ただし書の国土交通省令で定める軽微な変更をしたときは、遅滞なく、その旨を国土交通大臣に届け出なければならない。

4　前条第四項から第八項までの規定は、第一項の変更の認定について準用する。

（助言等）

第九十条　国は、認定事業者に対し、計画の認定を受けた優良緑地確保計画（変更があったときは、その変更後のもの。以下「認定優良緑地確保計画」という。）に従って行われる緑地確保事業の実施に関し必要な助言、情報の提供その他の措置を講ずるよう努めるものとする。

（改善命令及び認定の取消し）

第九十一条　国土交通大臣は、認定事業者が認定優良緑地確保計画に従って緑地確保事業を行っていないと認めるときは、当該認定事業者に対し、相当の期限を定めて、その改善に必要な措置をとるべきことを命ずることができる。

2　国土交通大臣は、認定事業者が前項の規定による命令に違反したときは、計画の認定を取り消すことができる。

3　国土交通大臣は、前項の規定により計画の認定を取り消したときは、その旨を公表するものとする。

（定期の報告）

第九十二条　認定事業者は、毎年度、国土交通省令で定めるところにより、認定優良緑地確保計画の実施状況について国土交通大臣に報告しなければならない。

（首都圏保全法等の特例）

第九十三条　認定事業者が認定優良緑地確保計画に従つて首都圏近郊緑地保全区域内において行う行為については、首都圏保全法第七条第一項の規定は、適用しない。

2　認定事業者が認定優良緑地確保計画に従つて近畿圏近郊緑地保全区域内において行う行為については、近畿圏保全法第八条第一項の規定は、適用しない。

3　認定事業者が認定優良緑地確保計画に従つて緑地保全地域内において行う行為については、第八条第一項及び第二項の規定は、適用しない。

4　特別緑地保全地区内において第十四条第一項の許可を受けなければならない行為を認定事業者が認定優良緑地確保計画に従つて行う場合には、当該行為については、同項の許可があつたものとみなす。

（都市再生推進法人の業務の特例）

第九十四条　都市再生特別措置法第百十八条第一項の規定により指定された都市再生推進法人は、同法第百十九条各号に掲げる業務のほか、認定事業者に対し、当該認定事業者が実施する緑地確保事業に関する知識を有する者の派遣、情報の提供、相談その他の援助を行うことができる。

2　前項の場合においては、都市再生特別措置法第百二十一条第一項及び第二項中「掲げる業務」とあるのは、「掲げる業務及び都市緑地法（昭和四十八年法律第七十二号）第九十四条第一項に規定する業務」とする。

第二節　登録調査機関等

（登録調査機関による調査）

第九十五条　国土交通大臣は、その登録を受けた者（以下「登録調査機関」という。）に第八十八条第五項（第八十九条第四項において準用する場合を含む。）に規定する技術的な調査（以下「調査」という。）の全部又は一部を行わせることができる。

2　国土交通大臣は、前項の規定により登録調査機関に調査の全部又は一部を行わせるときは、当該調査の全部又は一部を行わないものとする。この場合において、国土交通大臣は、登録調査機関が第四項の規定により通知する調査の結果を考慮して計画の認定のための審査を行わなければならない。

3　国土交通大臣が第一項の規定により登録調査機関に調査の全部又は一部を行わせることとしたときは、計画の認定を受けようとする者は、当該調査の全部又は一部については、国土交通省令で定めるところにより、登録調査機関にその実施を申請しなければならない。

4　登録調査機関は、前項の規定による申請に係る調査を行ったときは、遅滞なく、当該調査の結果を、国土交通省令で定めるところにより、国土交通大臣に通知しなければならない。

5　第三項の申請の手続その他の登録調査機関による調査の実施に関し必要な事項は、国土交通省令で定める。

（登録）

第九十六条　前条第一項の登録（以下「登録」という。）は、国土交通省令で定めるところにより、調査の業務を行おうとする者の申請により行う。

（欠格条項）

第九十七条　次の各号のいずれかに該当する者は、登録を受けることができない。

一　この法律又はこの法律に基づく命令若しくは処分に違反し、罰金以上の刑に処せられ、その執行を

終わり、又は執行を受けることがなくなつた日から一年を経過しない者

二　第百十条第一項から第三項までの規定により登録を取り消され、その取消しの日から一年を経過しない者（当該登録を取り消された者が法人である場合においては、当該取消しの処分に係る行政手続法（平成五年法律第八十八号）第十五条第一項の規定による通知があつた日前六十日以内に当該法人の役員であつた者で当該取消しの日から一年を経過しないものを含む。）

三　法人であつて、その業務を行う役員のうちに前二号のいずれかに該当する者があるもの

（登録の基準等）

第九十八条　国土交通大臣は、第九十六条の規定により登録の申請をした者（第二号において「登録申請者」という。）が次に掲げる要件の全てに適合しているときは、その登録をしなければならない。

一　調査を適確に行うために必要なものとして国土交通省令で定める基準に適合していること。

二　緑地の整備又は管理を業とする者（以下この号において「緑地整備等業者」という。）に支配されているものとして次のいずれかに該当するものでないこと。

イ　登録申請者が株式会社である場合にあつては、緑地整備等業者がその親法人（会社法（平成十七

年法律第八十六号）第八百七十九条第一項に規定する親法人をいう。）であること。

ロ　登録申請者が法人である場合にあつては、その役員（持分会社（会社法第五百七十五条第一項に規定する持分会社をいう。）にあつては、業務を執行する社員）に占める緑地整備等業者の役員又は職員（過去二年間に緑地整備等業者の役員又は職員であつた者を含む。ハにおいて同じ。）の割合が二分の一を超えていること。

ハ　登録申請者（法人にあつては、その代表権を有する役員）が、緑地整備等業者の役員又は職員であること。

2　国土交通大臣は、登録をしたときは、遅滞なく、登録調査機関について、その氏名又は名称及び住所、調査の業務の範囲、調査の業務を行う事務所の所在地その他国土交通省令で定める事項を公示しなければならない。

（登録の更新）

第九十九条　登録は、三年を下らない政令で定める期間ごとにその更新を受けなければ、その期間の経過によつて、効力を失う。

2　前三条の規定は、前項の登録の更新について準用する。

3　第一項の登録の更新の申請があつた場合において、同項の期間（以下この条において「登録の有効期間」という。）の満了の日までにその申請に対する処分がされないときは、従前の登録は、登録の有効期間の満了後もその処分がされるまでの間は、なおその効力を有する。

4　前項の場合において、第一項の登録の更新がされたときは、その登録の有効期間は、従前の登録の有効期間の満了の日の翌日から起算するものとする。

（調査の実施）

第百条　登録調査機関は、調査を行うことを求められたときは、正当な理由がある場合を除き、遅滞なく、調査を行わなければならない。

2　登録調査機関は、公正に、かつ、国土交通省令で定める基準に適合する方法により調査を行わなければならない。

（変更の届出）

第百一条　登録調査機関は、その氏名若しくは名称、住所又は調査の業務を行う事務所の所在地の変更をするときは、その二週間前までに、国土交通大臣に届け出なければならない。
2　国土交通大臣は、前項の規定による届出があつたときは、遅滞なく、その旨を公示しなければならない。

（業務規程）
第百二条　登録調査機関は、調査の業務に関する規程（以下この条及び第百十条第二項第二号において「業務規程」という。）を定め、国土交通大臣の認可を受けなければならない。これを変更するときも、同様とする。
2　業務規程には、調査の実施方法その他の国土交通省令で定める事項を定めておかなければならない。
3　国土交通大臣は、第一項の認可をした業務規程が調査を公正かつ適確に実施する上で不適当となつたと認めるときは、その業務規程を変更すべきことを命ずることができる。

（業務の休廃止）
第百三条　登録調査機関は、国土交通大臣の許可を受けなければ、調査の業務の全部又は一部を休止し、又は廃止してはならない。

２　国土交通大臣は、前項の許可をしたときは、遅滞なく、その旨を公示しなければならない。

（財務諸表等の備付け及び閲覧等）

第百四条　登録調査機関は、毎事業年度経過後三月以内に、当該事業年度の財産目録、貸借対照表及び損益計算書又は収支計算書並びに事業報告書（その作成に代えて電磁的記録（電子的方式、磁気的方式その他人の知覚によつては認識することができない方式で作られる記録であつて、電子計算機による情報処理の用に供されるものをいう。以下この条において同じ。）の作成がされている場合における当該電磁的記録を含む。次項及び第百二十条において「財務諸表等」という。）を作成し、五年間事務所に備えて置かなければならない。

２　緑地確保事業者その他の利害関係人は、登録調査機関の業務時間内は、いつでも、次に掲げる請求をすることができる。ただし、第二号又は第四号の請求をするには、登録調査機関の定めた費用を支払わなければならない。

一　財務諸表等が書面をもつて作成されているときは、当該書面の閲覧又は謄写の請求

二　前号の書面の謄本又は抄本の請求

三　財務諸表等が電磁的記録をもって作成されているときは、当該電磁的記録に記録された事項を国土交通省令で定める方法により表示したものの閲覧又は謄写の請求

四　前号の電磁的記録に記録された事項を電磁的方法（電子情報処理組織を使用する方法その他の情報通信の技術を利用する方法であって国土交通省令で定めるものをいう。）により提供することの請求又は当該事項を記載した書面の交付の請求

（帳簿の記載等）

第百五条　登録調査機関は、調査の業務について、国土交通省令で定めるところにより、帳簿を備え、国土交通省令で定める事項を記載し、これを保存しなければならない。

（秘密保持義務等）

第百六条　登録調査機関の役員（法人でない登録調査機関にあっては、当該登録を受けた者。次項において同じ。）若しくは職員又はこれらの者であった者は、調査の業務に関して知り得た秘密を漏らし、又は自己の利益のために使用してはならない。

2　調査の業務に従事する登録調査機関の役員又は職員は、刑法その他の罰則の適用については、法令に

より公務に従事する職員とみなす。

（報告徴収及び立入検査）

第百七条　国土交通大臣は、調査の業務の公正かつ適確な実施を確保するために必要な限度において、登録調査機関に対し調査の業務若しくは経理の状況に関し必要な報告を求め、又はその職員に、登録調査機関の事務所に立ち入り、調査の業務の状況若しくは設備、帳簿、書類その他の物件を検査させ、若しくは関係者に質問させることができる。

２　第十一条第三項及び第四項の規定は、前項の規定による立入検査について準用する。

（適合命令）

第百八条　国土交通大臣は、登録調査機関が第九十八条第一項各号に掲げる要件のいずれかに適合しなくなつたと認めるときは、当該登録調査機関に対し、これらの要件に適合するため必要な措置をとるべきことを命ずることができる。

（改善命令）

第百九条　国土交通大臣は、登録調査機関が第百条の規定に違反していると認めるとき、又は登録調査機関が行う調査が適当でないと認めるときは、当該登録調査機関に対し、調査を行うべきこと又は調査の方法その他の業務の方法の改善に関し必要な措置をとるべきことを命ずることができる。

（登録の取消し等）

第百十条　国土交通大臣は、登録調査機関が次の各号のいずれかに該当するときは、その登録を取り消さなければならない。

一　第九十七条第一号又は第三号のいずれかに該当するに至つたとき。

二　不正の手段により登録又はその更新を受けたとき。

2　国土交通大臣は、登録調査機関が次の各号のいずれかに該当するときは、その登録を取り消し、又は一年以内の期間を定めて調査の業務の全部若しくは一部の停止を命ずることができる。

一　第九十五条第四項、第百一条第一項、第百三条第一項、第百四条第一項又は第百五条の規定に違反したとき。

二　第百二条第一項の認可を受けた業務規程によらないで調査の業務を行つたとき。

三　正当な理由がないのに第百四条第二項の請求を拒んだとき。

四　第百二条第三項、第百八条又は前条の規定による命令に違反したとき。

3　国土交通大臣は、前二項に規定する場合のほか、登録調査機関が、正当な理由がないのに、その登録を受けた日から一年を経過してもなおその登録に係る調査の業務を開始しないときは、その登録を取り消すことができる。

4　国土交通大臣は、前三項の規定による処分をしたときは、遅滞なく、その旨を公示しなければならない。

（国土交通大臣による調査の業務の実施）

第百十一条　国土交通大臣は、登録調査機関が第百三条第一項の許可を受けてその調査の業務の全部若しくは一部を休止した場合、前条第二項の規定により登録調査機関に対し調査の業務の全部若しくは一部の停止を命じた場合又は登録調査機関が天災その他の事由により調査の業務の全部若しくは一部を実施することが困難となつた場合において、必要があると認めるときは、第九十五条第二項の規定にかかわらず、調査の業務の全部又は一部を自ら行うものとする。

2　国土交通大臣は、前項の規定により調査の業務を行うこととし、又は同項の規定により行つている調査の業務を行わないこととするときは、あらかじめ、その旨を公示しなければならない。

3　国土交通大臣が、第一項の規定により調査の業務を行うこととし、第百三条第一項の規定により調査の業務の廃止を許可し、又は前条第一項から第三項までの規定により登録を取り消した場合における調査の業務の引継ぎその他の必要な事項は、国土交通省令で定める。

（手数料）

第百十二条　計画の認定を受けようとする者は、実費を勘案して政令で定める額の手数料を国に納めなければならない。ただし、国土交通大臣が第九十五条第一項の規定により登録調査機関に調査の全部を行わせることとしたときは、この限りでない。

2　登録調査機関が行う調査を受けようとする者は、政令で定めるところにより登録調査機関が国土交通大臣の認可を受けて定める額の手数料を、当該登録調査機関に納めなければならない。

第七十三条を第八十五条とし、第七十二条を第八十四条とし、第七十一条を第八十三条とする。

第七十条の見出しを「（推進法人の業務）」に改め、同条第一号ハを削り、同条を第八十二条とする。

第六十九条の見出しを「（推進法人の指定）」に改め、同条第二項中「当該」を削り、同条第三項中

「変更しようとする」を「変更する」に改め、同条を第八十一条とする。

第七章を第八章とし、同章の前に次の一章を加える。

第七章　都市緑化支援機構

（支援機構の指定）

第六十九条　国土交通大臣は、都市における緑地の保全及び緑化の推進を支援することを目的とする一般社団法人又は一般財団法人であつて、次条に規定する業務（以下「支援業務」という。）に関し次の各号のいずれにも適合すると認められるものを、その申請により、全国を通じて一に限り、都市緑化支援機構（以下「支援機構」という。）として指定することができる。

一　支援業務を適正かつ確実に実施することができる経理的基礎及び技術的能力を有するものであること。

二　支援業務以外の業務を行つている場合にあつては、その業務を行うことによつて支援業務の適正かつ確実な実施に支障を及ぼすおそれがないものであること。

三　前二号に掲げるもののほか、支援業務を適正かつ確実に実施することができるものとして、国土交通省令で定める基準に適合するものであること。

2　次の各号のいずれかに該当する者は、前項の規定による指定（以下この章において「指定」という。）を受けることができない。

一　この法律又はこの法律に基づく命令若しくは処分に違反し、刑に処せられ、その執行を終わり、又は執行を受けることがなくなつた日から起算して二年を経過しない者

二　第七十九条第一項又は第二項の規定により指定を取り消され、その取消しの日から起算して二年を経過しない者

三　その役員のうちに、第一号に該当する者がある者

3　国土交通大臣は、指定をしたときは、支援機構の名称、住所及び支援業務を行う事務所の所在地を公示しなければならない。

4　支援機構は、その名称、住所又は支援業務を行う事務所の所在地を変更するときは、あらかじめ、その旨を国土交通大臣に届け出なければならない。

5　国土交通大臣は、前項の規定による届出があつたときは、当該届出に係る事項を公示しなければなら

ない。

（支援機構の業務）

第七十条　支援機構は、次に掲げる業務を行うものとする。

一　第十七条の二第一項の規定による都道府県等の要請に基づき、第十七条第一項の申出をした者から対象土地を買い入れること。

二　前号の買入れに係る対象土地の区域内において機能維持増進事業を行うこと。

三　前号に掲げるもののほか、同号に規定する対象土地の管理を行うこと。

四　第十七条の二第三項第四号の期間内において都道府県等への対象土地の譲渡を行うこと。

五　第八十九条第三項に規定する認定事業者に対し、第九十条に規定する緑地確保事業の実施のために必要な資金の貸付けを行うこと。

六　緑地の保全及び緑化の推進に関する情報又は資料を収集し、及び提供すること。

七　緑地の保全及び緑化の推進に関し必要な助言及び指導を行うこと。

八　緑地の保全及び緑化の推進に関する調査及び研究を行うこと。

九　前各号に掲げる業務に附帯する業務を行うこと。

（業務規程の認可）

第七十一条　支援機構は、国土交通省令で定めるところにより、特定緑地保全業務に関する規程（以下この条及び第七十九条第二項第三号において「業務規程」という。）を定め、国土交通大臣の認可を受けなければならない。

2　業務規程には、次に掲げる事項を定めるものとする。

一　特定緑地保全業務を行うべき土地の基準に関する事項

二　業務実施協定の締結に関する事項

三　特定緑地保全業務の実施の方法に関する事項

四　特定緑地保全業務の適正かつ確実な実施を確保するための措置に関する事項

五　その他特定緑地保全業務に関し必要な事項として国土交通省令で定める事項

3　支援機構は、業務規程の変更をするときは、国土交通大臣の認可を受けなければならない。

4　支援機構は、第一項又は前項の認可を受けたときは、遅滞なく、その業務規程を公表しなければならない。

5　国土交通大臣は、第一項又は第三項の認可をした業務規程が特定緑地保全業務を適正かつ確実に実施する上で不適当となつたと認めるときは、支援機構に対し、その業務規程を変更すべきことを命ずることができる。

（事業計画等）

第七十二条　支援機構は、毎事業年度、国土交通省令で定めるところにより、支援業務に係る事業計画書及び収支予算書を作成し、当該事業年度の開始前に（指定を受けた日の属する事業年度にあつては、その指定を受けた後遅滞なく）、国土交通大臣の認可を受けなければならない。

2　支援機構は、前項の認可を受けた事業計画書及び収支予算書を変更するときは、あらかじめ、国土交通省令で定めるところにより、国土交通大臣の認可を受けなければならない。

3　支援機構は、毎事業年度、国土交通省令で定めるところにより、支援業務に係る事業報告書及び収支決算書を作成し、当該事業年度の終了後三月以内に国土交通大臣に提出しなければならない。

（業務の休廃止）

第七十三条　支援機構は、国土交通大臣の許可を受けなければ、支援業務の全部又は一部を休止し、又は廃止してはならない。

2　国土交通大臣は、前項の許可をしたときは、遅滞なく、その旨を公示しなければならない。

（区分経理）

第七十四条　支援機構は、国土交通省令で定めるところにより、次に掲げる業務ごとに経理を区分して整理しなければならない。

一　特定緑地保全業務

二　第七十条第五号に掲げる業務及びこれに附帯する業務

三　第七十条第六号から第八号までに掲げる業務及びこれらに附帯する業務

（帳簿の記載等）

第七十五条　支援機構は、支援業務について、国土交通省令で定めるところにより、帳簿を備え、国土交通省令で定める事項を記載し、これを保存しなければならない。

（秘密保持義務等）

第七十六条　支援機構の役員若しくは職員又はこれらの者であつた者は、支援業務に関して知り得た秘密を漏らし、又は自己の利益のために使用してはならない。

２　支援業務に従事する支援機構の役員又は職員は、刑法（明治四十年法律第四十五号）その他の罰則の適用については、法令により公務に従事する職員とみなす。

（報告徴収及び立入検査）

第七十七条　国土交通大臣は、支援業務の適正かつ確実な実施を確保するために必要な限度において、支援機構に対し支援業務若しくは資産の状況に関し必要な報告を求め、又はその職員に、支援機構の事務所に立ち入り、支援業務の状況若しくは帳簿書類その他の物件を検査させ、若しくは関係者に質問させることができる。

２　第十一条第三項及び第四項の規定は、前項の規定による立入検査について準用する。

（監督命令）

第七十八条　国土交通大臣は、支援業務の適正かつ確実な実施を確保するために必要な限度において、支援機構に対し、支援業務に関し監督上必要な命令をすることができる。

（指定の取消し）

第七十九条　国土交通大臣は、支援機構が次の各号のいずれかに該当するときは、その指定を取り消すものとする。

一　第六十九条第二項第一号又は第三号のいずれかに該当するに至つたとき。

二　指定に関し不正の行為があつたとき。

2　国土交通大臣は、支援機構が次の各号のいずれかに該当するときは、その指定を取り消すことができる。

一　支援業務を適正かつ確実に実施することができないと認められるとき。

二　第六十九条第四項、第七十二条、第七十三条第一項、第七十四条又は第七十五条の規定に違反したとき。

三　第七十一条第一項又は第三項の認可を受けた業務規程によらないで支援業務を行つたとき。

四　第七十一条第五項又は前条の規定による命令に違反したとき。

3　国土交通大臣は、前二項の規定により指定を取り消したときは、その旨を公示しなければならない。

（指定を取り消した場合における経過措置）

第八十条　前条第一項又は第二項の規定により指定を取り消した場合において、国土交通大臣がその取消し後に新たに指定をしたときは、取消しに係る支援機構の特定緑地保全業務に係る財産は、新たに指定を受けた支援機構に帰属する。

２　前項に定めるもののほか、前条第一項又は第二項の規定により指定を取り消した場合における特定緑地保全業務に係る財産の管理その他所要の経過措置（罰則に関する経過措置を含む。）は、合理的に必要と判断される範囲内において、政令で定める。

（古都における歴史的風土の保存に関する特別措置法の一部改正）

第二条　古都における歴史的風土の保存に関する特別措置法（昭和四十一年法律第一号）の一部を次のように改正する。

第五条第二項第四号を次のように改める。

四　歴史的風土特別保存地区内の歴史的風土の保存に関する次に掲げる事項

イ　歴史的風土特別保存地区内の緑地の有する機能の維持増進を図るために行う事業であつて高度な

技術を要するものとして国土交通省令で定めるもの（第十三条第三項第二号及び第十四条第一項第二号において「機能維持増進事業」という。）の実施の方針

ロ　第十二条の規定による土地の買入れに関する事項

第二十三条を削る。

第二十二条中「一に該当する」を「いずれかに該当する場合には、その違反行為をした」に改め、同条第一号中「者」を「とき。」に改め、同条第二号中「第十八条第一項」を「第十九条第一項」に、「者」を「とき。」に改め、同条第三号中「第十八条第二項」を「第十九条第二項」に、「者」を「とき。」に改め、同条を第二十三条とする。

第二十一条中「一に該当する」を「いずれかに該当する場合には、その違反行為をした」に改め、同条第一号中「第八条第一項」を「第九条第一項」に、「者」を「とき。」に改め、同条第二号中「第八条第五項」を「第九条第五項」に、「者」を「とき。」に改め、同条を第二十二条とする。

第二十条の前の見出しを削り、同条中「第八条第六項前段」を「第九条第六項前段」に、「者は」を「ときは、その違反行為をした者は」に改め、同条を第二十一条とし、同条の前に見出しとして「（罰

則）」を付する。

第十九条を第二十条とする。

第十八条第一項中「第八条第一項各号」を「第九条第一項各号」に改め、同条第二項中「第八条第一項」を「第九条第一項」に改め、同条を第十九条とし、第十七条を削り、第十六条を第十八条とし、第十五条を削る。

第十四条第一項中「第九条」を「第十条」に、「第十一条」を「第十二条第一項」に、「買入れ」を「買入れ又は第十三条第五項の規定による負担」に改め、同条第二項中「行なう」を「行う」に改め、同条を第十七条とし、第十三条を第十六条とする。

第十二条中「前条」を「第十二条第一項」に、「土地」を「土地及び土地保全業務実施協定に基づいて都市緑化支援機構から譲渡を受けた土地」に改め、同条を第十五条とする。

第十一条第一項中「第八条第一項」を「第九条第一項」に、「きたす」を「来す」に改め、「おいては」の下に「、次条第四項の規定による買入れが行われる場合を除き」を加え、同条第二項中「し、政令で定めるところにより、評価基準に基づいて算定しなければならない」を「する」に改め、同条を第十二条とし、同条の次に次の二条を加える。

（都市緑化支援機構による特定土地保全業務）

第十三条　府県は、前条第一項の申出があつた場合において、当該申出に係る土地の規模若しくは形状又は管理の状況、当該府県における同項の規定による買入れのために必要な事務の実施体制その他の事情を勘案して必要があると認めるときは、国土交通省令で定めるところにより、都市緑化支援機構（都市緑地法（昭和四十八年法律第七十二号）第六十九条第一項の規定により指定された都市緑化支援機構をいう。以下この条から第十五条までにおいて同じ。）に対し、当該土地（以下この条及び次条において「対象土地」という。）について、次条第一項各号に掲げる業務（以下この条において「特定土地保全業務」という。）を行うことを要請することができる。

2　前項の規定による要請を受けた都市緑化支援機構は、当該要請に係る対象土地が次条第二項の規定により読み替えて適用する都市緑地法第七十一条第二項第一号に規定する基準に該当すると認めるときは、遅滞なく、当該要請をした府県に対し、特定土地保全業務を実施する旨を通知するものとする。

3　前項の規定による通知をした都市緑化支援機構及び同項の府県は、当該通知の後速やかに、特定土地保全業務の実施のため、次に掲げる事項をその内容に含む協定（以下この条及び第十五条において「土地保全業務実施協定」という。）を締結するものとする。

一　都市緑化支援機構が次条第一項第一号に掲げる業務として行う対象土地の買入れの時期

二　都市緑化支援機構が次条第一項第二号に掲げる業務として行う機能維持増進事業の内容及び方法

三　都市緑化支援機構が次条第一項第三号に掲げる業務として行う対象土地の管理の内容及び方法

四　都市緑化支援機構が第一号の買入れに係る対象土地を保有する期間（当該買入れの日から起算して十年を超えないものに限る。）

五　前号の期間内において都市緑化支援機構が次条第一項第四号に掲げる業務として行う府県への対象土地の譲渡の方法及び時期

六　都市緑化支援機構による第一号から第三号まで及び前号に規定する業務の実施に要する費用であつて府県が負担すべきものの支払の方法及び時期

七　その他国土交通省令で定める事項

4　都市緑化支援機構は、土地保全業務実施協定の内容に従つて、前条第一項の申出をした者から対象土地を買い入れるものとする。

5　前項の規定による買入れをする場合における対象土地の価額は、時価によるものとし、当該買入れに要した費用は、第二項の府県が、土地保全業務実施協定の内容に従って負担するものとする。

6　前二項に定めるもののほか、都市緑化支援機構は、土地保全業務実施協定の内容に従って、特定土地保全業務を行わなければならない。

7　第五項に定めるもののほか、府県は、土地保全業務実施協定の内容に従って、第三項第六号に規定する費用を負担するものとする。

（都市緑化支援機構の業務の特例）

第十四条　都市緑化支援機構は、都市緑地法第七十条各号に掲げる業務のほか、次に掲げる業務を行うことができる。

一　前条第一項の規定による府県の要請に基づき、第十二条第一項の申出をした者から対象土地を買い入れること。

二　前号の買入れに係る対象土地の区域内において機能維持増進事業を行うこと。

三　前号に掲げるもののほか、同号に規定する対象土地の管理を行うこと。

四　前条第三項第四号の期間内において府県への対象土地の譲渡を行うこと。

五　前各号に掲げる業務に附帯する業務を行うこと。

２　前項の規定により都市緑化支援機構が同項各号に掲げる業務を行う場合における都市緑地法第七章の規定（これらの規定に係る罰則を含む。）の適用については、次の表の上欄に掲げる同法の規定中同表の中欄に掲げる字句は、それぞれ同表の下欄に掲げる字句とする。

第七十一条第一項	特定緑地保全業務	特定緑地保全業務及び特定土地保全業務（古都における歴史的風土の保存に関する特別措置法（昭和四十一年法律第一号。以下「古都保存法」という。）第十三条第一項に規定する特定土地保全業務をいう。以下同じ。）（以下「特定緑地保全業務等」という。）
第七十一条第二項第一	特定緑地保全業務	特定緑地保全業務等

号及び第三号から第五号まで並びに第五項並びに第八十条		
第七十一条第二項第二号	業務実施協定	業務実施協定及び土地保全業務実施協定（古都保存法第十三条第三項に規定する土地保全業務実施協定をいう。）
第七十二条第一項及び第三項並びに第七十五条	支援業務	支援業務及び特定土地保全業務
第七十四条	業務ごと	業務及び特定土地保全業務ごと
第七十六条第一項	支援業務	支援業務又は特定土地保全業務（以下「支援業務等」という。）
第七十六条第二項、第	支援業務	支援業務等

七十七条第一項、第七十八条、第七十九条第二項第一号及び第百十五条第二項		
第百十七条第八号	第七十五条	第七十五条（古都保存法第十四条第二項の規定により読み替えて適用する場合を含む。）
第百十七条第九号	第七十七条第一項	第七十七条第一項（古都保存法第十四条第二項の規定により読み替えて適用する場合を含む。）

第十条中「第八条」を「第九条」に改め、同条を第十一条とする。

第九条第一項ただし書中「一に」を「いずれかに」に改め、同項第一号中「第十条」を「次条」に改め、同条を第十条とする。

第八条第一項ただし書中「行なう」を「行う」に、「すでに」を「既に」に改め、同条第四項中「しようと」を削り、同条第八項中「行なう」を「行う」に改め、「しようと」を削り、同条を第九条とし、第七条の二を第八条とする。

第二十四条中「第二十条から第二十二条まで」を「第二十一条から前条まで」に改める。

本則に次の一条を加える。

第二十五条　第七条第一項の規定による届出をせず、又は虚偽の届出をした者は、一万円以下の過料に処する。

（都市開発資金の貸付けに関する法律の一部改正）

第三条　都市開発資金の貸付けに関する法律（昭和四十一年法律第二十号）の一部を次のように改正する。

第一条第四項第五号及び同条第五項中「それぞれ」を削り、同条第九項を同条第十項とし、同条第八項の次に次の一項を加える。

9　国は、都市緑地法（昭和四十八年法律第七十二号）第六十九条第一項の規定により指定された都市緑化支援機構に対し、同法第七十条第一号、第二号及び第五号並びに古都における歴史的風土の保存に関する特別措置法（昭和四十一年法律第一号）第十四条第一項第一号及び第二号に掲げる業務に要する資金を貸し付けることができる。

第二条第二項中「又は第九項」を「、第九項又は第十項」に改め、同条第九項中「前条第六項」の下に「又は第九項」を加え、同条第十項中「又は第九項」を「又は第十項」に、「同条第九項」を「同条第十項」に改め、同条第十一項中「前条第九項」を「前条第十項」に改める。

（都市計画法の一部改正）

第四条　都市計画法（昭和四十三年法律第百号）の一部を次のように改正する。

第十三条第一項中「特質」の下に「及び当該都市における自然的環境の整備又は保全の重要性」を加え、同項後段を削り、同条第三項中「特質」の下に「及び当該地域における自然的環境の整備又は保全の重要性」を加え、「自然的環境の整備又は保全及び」を削る。

第二十一条の二第一項中「一時使用」を「一時的に使用する施設」に、「。以下」を「。第四項第二号において」に、「以下この条」を「同号」に、「次項及び」を「次項及び第三項並びに」に改め、同条第二項後段を次のように改める。

この場合においては、同項後段の規定を準用する。

第二十一条の二第三項中「前二項」を「前三項」に改め、同項を同条第四項とし、同条第二項の次に次の一項を加える。

3　都市緑地法第六十九条第一項の規定により指定された都市緑化支援機構は、第一項に規定する土地の区域について、都道府県又は市町村に対し、都市における緑地の保全及び緑化の推進を図るために必要な都市計画の決定又は変更をすることを提案することができる。この場合においては、同項後段の規定を準用する。

第二十二条第一項中「及び第二項並びに」を「から第三項まで並びに」に改める。

第七十五条の九第二項中「第二十一条の二第三項」を「第二十一条の二第四項」に改める。

（都市再生特別措置法の一部改正）

第五条　都市再生特別措置法（平成十四年法律第二十二号）の一部を次のように改正する。

第六十二条の五第一項中「第百十九条第六号」を「第百十九条第七号」に改める。

第六十三条に次の一項を加える。

3　第一項の民間事業者は、その施行する都市再生整備事業が都市の脱炭素化（地球温暖化対策の推進に関する法律（平成十年法律第百十七号）第二条の二に規定する脱炭素社会の実現に寄与することを旨として、社会経済活動その他の活動に伴って発生する温室効果ガス（同法第二条第三項に規定する温室効果ガスをいう。第四号において同じ。）の排出の量の削減並びに吸収作用の保全及び強化を行うことをいう。以下同じ。）の促進に資するもの（同号において「脱炭素都市再生整備事業」という。）であると認めるときは、第一項の認定（以下「整備事業計画の認定」という。）の申請に係る民間都市再生整備事業計画に、前項各号に掲げる事項のほか、次に掲げる事項を記載することができる。

一　緑地、緑化施設又は緑地等管理効率化設備（緑地又は緑化施設の管理を効率的に行うための設備をいう。以下同じ。）の整備に関する事業の概要及び当該緑地、緑化施設又は緑地等管理効率化設備の管理者又は管理者となるべき者

二　緑地又は緑化施設の管理の方法

三　再生可能エネルギー発電設備（再生可能エネルギー電気の利用の促進に関する特別措置法（平成二十三年法律第百八号）第二条第二項に規定する再生可能エネルギー発電設備をいう。）、エネルギーの効率的利用に資する設備その他の都市の脱炭素化に資するものとして国土交通省令で定める設備

（以下「再生可能エネルギー発電設備等」という。）の整備に関する事業の概要及び当該再生可能エネルギー発電設備等の管理者又は管理者となるべき者

四　脱炭素都市再生整備事業の施行に伴う温室効果ガスの排出の量を削減するための措置に関する事項

第六十四条第一項中「前条第一項の認定（以下「整備事業計画の認定」という。）」を「整備事業計画の認定」に改め、同項に次の一号を加える。

五　民間都市再生整備事業計画に前条第三項各号に掲げる事項が記載されている場合にあっては、当該民間都市再生整備事業計画に基づき行う緑地、緑化施設又は緑地等管理効率化設備及び再生可能エネルギー発電設備等の整備又は管理の内容並びに同項第四号の措置の内容が、都市の脱炭素化を図るために必要なものとして国土交通省令で定める基準に適合するものであること。

第六十四条第二項及び第三項中「しようと」を削り、同条に次の一項を加える。

4　都市緑地法（昭和四十八年法律第七十二号）第九十条に規定する認定優良緑地確保計画（同法第八十八条第三項に規定する事項が記載されたものに限る。）に基づき緑地、緑化施設又は緑地等管理効率化設備の整備又は管理をしようとする民間事業者が、前条第三項第一号及び第二号に掲げる事項として当

該緑地、緑化施設又は緑地等管理効率化設備の整備又は管理に関する事項を記載した民間都市再生整備事業計画について整備事業計画の認定の申請をした場合における第一項の規定の適用については、当該申請に係る民間都市再生整備事業計画は、同項第五号に掲げる基準（緑地、緑化施設及び緑地等管理効率化設備に係る部分に限る。）に適合しているものとみなす。

第七十一条第一項第一号中「設備で政令で定めるもの」を「設備、緑地等管理効率化設備並びに再生可能エネルギー発電設備等で政令で定めるもの（緑地等管理効率化設備及び再生可能エネルギー発電設備等にあっては、認定整備事業計画に第六十三条第三項第一号又は第三号に掲げる事項として記載されているものに限る。）」に改め、同条の次に次の一条を加える。

（民間都市開発法の特例）

第七十一条の二　民間都市開発法第四条第一項第一号に規定する特定民間都市開発事業であって認定整備事業であるものに係る同項の規定の適用については、同号中「同じ。）」とあるのは「同じ。）であって都市再生特別措置法（平成十四年法律第二十二号）第六十七条に規定する認定整備事業であるもの」と、「という。）」とあるのは「という。）並びに同法第七十一条第一項第一号に規定する緑地等管理効率化設備及び再生可能エネルギー発電設備等」とする。

第八十条の三第一項中「（昭和四十八年法律第七十二号）第六十九条第一項」を「第八十一条第一項」に改め、同条第四項中「締結しようとする」を「締結する」に改める。

第八十条の七第一項中「第六十九条第一項」を「第八十一条第一項」に、「第七十条第一号ロ」を「第八十二条第一号ロ」に、「第七十条各号」を「第八十二条各号」に改め、同条第二項中「第七十一条」を「第八十三条」に改める。

第八十一条第四項、第七項及び第八項中「記載しようとする」を「記載する」に改め、同条第十七項中「基本的な方針」の下に「及び都市緑地法第四条第一項に規定する基本計画」を加え、同条第二十二項中「作成しようとする」を「作成する」に改める。

第百十一条第一項中「第六十九条第一項」を「第八十一条第一項」に改め、同条第四項中「締結しようとする」を「締結する」に改める。

第百十五条第一項中「第六十九条第一項」を「第八十一条第一項」に、「第七十条第一号イ」を「第八十二条第一号イ」に、「第七十条各号」を「第八十二条各号」に改め、同条第二項中「第七十一条」を

「第八十三条」に改める。

第百十九条中第十五号を第十六号とし、第十一号から第十四号までを一号ずつ繰り下げ、同条第十号中「第八号」を「第九号」に改め、同号を同条第十一号とし、同条中第九号を第十号とし、第六号から第八号までを一号ずつ繰り下げ、第五号の次に次の一号を加える。

六　第四十六条第一項の土地の区域における緑地等管理効率化設備又は再生可能エネルギー発電設備等の所有者（所有者が二人以上いる場合にあっては、その全員）との契約に基づき、これらの設備の管理を行うこと。

附　則

（施行期日）

第一条　この法律は、公布の日から起算して六月を超えない範囲内において政令で定める日から施行する。ただし、附則第三条の規定は、公布の日から施行する。

（都市緑地法の一部改正に伴う経過措置）

第二条　刑法等の一部を改正する法律（令和四年法律第六十七号）の施行の日（以下この条において「刑法

施行日」という。）の前日までの間における第一条の規定による改正後の都市緑地法第百十五条第二項の規定の適用については、同項中「拘禁刑」とあるのは、「懲役」とする。刑法施行日以後における刑法施行日前にした行為に対する同項の規定の適用についても、同様とする。

（政令への委任）

第三条　前条に定めるもののほか、この法律の施行に関し必要な経過措置（罰則に関する経過措置を含む。）は、政令で定める。

（検討）

第四条　政府は、この法律の施行後五年を目途として、この法律による改正後のそれぞれの法律の規定について、その施行の状況等を勘案して検討を加え、必要があると認めるときは、その結果に基づいて所要の措置を講ずるものとする。

（地方交付税法の一部改正）

第五条　地方交付税法（昭和二十五年法律第二百十一号）の一部を次のように改正する。

第十四条の二第二号中「第七条の二」を「第八条」に改める。

（農地法の一部改正）

第六条　農地法（昭和二十七年法律第二百二十九号）の一部を次のように改正する。

第三条第一項第十五号中「第十九条」を「第二十条」に、「第十一条第一項」を「第十二条第一項」に改める。

（都市公園法の一部改正）

第七条　都市公園法（昭和三十一年法律第七十九号）の一部を次のように改正する。

第三条第二項を次のように改める。

2　都道府県は、都市緑地法（昭和四十八年法律第七十二号）第三条の三第一項に規定する広域計画（次条第二項において「広域計画」という。）を定めている場合においては、前項に定めるもののほか、当該広域計画に即して都市公園を設置するよう努めるものとする。

第三条第三項を同条第四項とし、同条第二項の次に次の一項を加える。

3　市町村は、都市緑地法第四条第一項に規定する基本計画（次条第三項において「基本計画」という。）を定めている場合においては、第一項に定めるもののほか、当該基本計画に即して都市公園を設置するよう努めるものとする。

第三条の二第二項を次のように改める。

2　都道府県は、広域計画を定めている場合においては、前項に定めるもののほか、当該広域計画に即して都市公園を管理するよう努めるものとする。

第三条の二に次の一項を加える。

3　市町村は、基本計画を定めている場合においては、第一項に定めるもののほか、当該基本計画に即して都市公園を管理するよう努めるものとする。

（首都圏近郊緑地保全法の一部改正）

第八条　首都圏近郊緑地保全法（昭和四十一年法律第百一号）の一部を次のように改正する。

第八条第一項中「第六十九条第一項」を「第八十一条第一項」に改め、同条第四項及び第六項中「定めようとする」を「定める」に改め、同条第七項中「締結しようとする」を「締結する」に改める。

第十四条中「第六十九条第一項」を「第八十一条第一項」に改める。

第十五条第一項を削り、同条第二項中「前項に定めるもののほか、」を削り、「同条第五項及び第六項」を「同項及び同条第二項」に、「同条第五項中」を「同項中」に改め、同項を同条とする。

第十六条第一項中「第六十九条第一項」を「第八十一条第一項」に、「第七十条第一号イ」を「第八十二条第一号イ」に、「第七十条各号」を「第八十二条各号」に改め、同条第二項中「第七十一条」を「第八十三条」に改める。

第十七条第二項中「並びに」を「又は同法第十七条の二第五項の規定による負担並びに」に、「同条第三項」を「同法第十七条第三項」に改める。

（登録免許税法の一部改正）

第九条　登録免許税法（昭和四十二年法律第三十五号）の一部を次のように改正する。

別表第一第百五十五号の二の次に次のように加える。

百五十五の三　優良緑地確保計画の認定手続に係る登録調査機関の登録		
都市緑地法（昭和四十八年法律第七十二号）第九十五条第一項（登録調査機関の登録）の登録（更新の登録を除く。）	登録件数	一件につき九万円

（近畿圏の保全区域の整備に関する法律の一部改正）

第十条　近畿圏の保全区域の整備に関する法律（昭和四十二年法律第百三号）の一部を次のように改正する。

第九条第一項中「第六十九条第一項」を「第八十一条第一項」に改め、同条第四項及び第六項中「定めようとする」を「定める」に改め、同条第七項中「締結しようとする」を「締結する」に改める。

第十五条中「第六十九条第一項」を「第八十一条第一項」に改める。

第十六条第一項を削り、同条第二項中「前項に定めるもののほか、」を削り、「同条第五項及び第六項」を「同項及び同条第二項」に、「同条第五項中」を「同項中」に改め、同項を同条とする。

第十七条第一項中「第六十九条第一項」を「第八十一条第一項」に、「第七十条第一号イ」を「第八十二条第一号イ」に、「第七十条各号」を「第八十二条各号」に改め、同条第二項中「第七十一条」を「第八十三条」に改める。

第十八条第二項中「並びに」を「又は同法第十七条の二第五項の規定による負担並びに」に、「同条第三項」を「同法第十七条第三項」に改める。

（生産緑地法の一部改正）

第十一条　生産緑地法（昭和四十九年法律第六十八号）の一部を次のように改正する。

第三条第六項中「同条第二項第五号」を「同条第二項第七号」に改める。

（明日香村における歴史的風土の保存及び生活環境の整備等に関する特別措置法の一部改正）

第十二条　明日香村における歴史的風土の保存及び生活環境の整備等に関する特別措置法（昭和五十五年法律第六十号）の一部を次のように改正する。

第二条第二項第五号中「第十一条第一項」を「第十二条第一項」に改める。

第三条第三項中「第七条の二後段」を「第八条後段」に改める。

（民間都市開発の推進に関する特別措置法の一部改正）

第十三条　民間都市開発の推進に関する特別措置法（昭和六十二年法律第六十二号）の一部を次のように改正する。

第五条第一項中「第一条第九項」を「第一条第十項」に改める。

（独立行政法人国立文化財機構法の一部改正）

第十四条　独立行政法人国立文化財機構法（平成十一年法律第百七十八号）の一部を次のように改正する。

第十六条第二項中「第八条第八項」を「第九条第八項」に改める。

（独立行政法人都市再生機構法の一部改正）

第十五条　独立行政法人都市再生機構法（平成十五年法律第百号）の一部を次のように改正する。

第十五条中「及び第三項」を「及び第四項」に、「同条第三項」を「同条第四項」に、「前項の」を「第二項の」に改める。

（景観法の一部改正）

第十六条　景観法（平成十六年法律第百十号）の一部を次のように改正する。

第四十二条第一項中「第六十九条第一項」を「第八十一条第一項」に、「第七十条第一号イ」を「第八十二条第一号イ」に改め、同条第二項中「第七十一条」を「第八十三条」に改める。

（地域における歴史的風致の維持及び向上に関する法律の一部改正）

第十七条　地域における歴史的風致の維持及び向上に関する法律（平成二十年法律第四十号）の一部を次のように改正する。

第二十九条第一項中「、同法第十七条第二項」を削り、同条第二項を次のように改める。

2　前項の規定により認定町村の長が同項に規定する事務を行う場合における都市緑地法第四条、第三章第二節及び第三十一条の規定の適用については、同法第四条第二項第六号ハ中「第十七条」とあるのは「第十七条（地域における歴史的風致の維持及び向上に関する法律（平成二十年法律第四十号。以下「地域歴史的風致法」という。）第二十九条第二項の規定により読み替えて適用する場合を含む。）」と、同条第七項中「第六号ハからホまでに掲げる事項」とあるのは「第六号ハからホまでに掲げる事項（地域歴史的風致法第二十九条第二項の規定により読み替えて適用する第十七条の規定による土地の買入れ及び買い入れた土地の管理に関する事項を除く。）」と、同法第十六条において準用する同法第十条第一項並びに同法第十七条第一項及び第三十一条第一項中「都道府県等」とあるのは「地域歴史的風致法第二十四条第一項に規定する認定町村」と、同項中「第十六条」とあるのは「地域歴史的風致法第二十九条第二項の規定により読み替えて適用する第十六条」と、「第十七条第一項」とあるのは「地域歴史的風致法第二十九条第二項の規定により読み替えて適用する第十七条第一項」と、「買入れ又は第十七条の二第五項の規定による負担並びに都道府県又は町村が行う第十七条第三項の規定による土地の買入れ」とあるのは「買入れ」とする。

（都市の低炭素化の促進に関する法律の一部改正）

第十八条　都市の低炭素化の促進に関する法律（平成二十四年法律第八十四号）の一部を次のように改正する。

第三十八条第一項中「第六十九条第一項」を「第八十一条第一項」に改め、同条第四項中「締結しようとする」を「締結する」に改める。

第四十四条中「第六十九条第一項」を「第八十一条第一項」に改める。

第四十五条第一項中「第六十九条第一項」を「第八十一条第一項」に、「第七十条第一号イ」を「第八十二条第一号イ」に、「第七十条各号」を「第八十二条各号」に改め、同条第二項中「第七十一条」を「第八十三条」に改める。

（刑法等の一部を改正する法律の施行に伴う関係法律の整理等に関する法律の一部改正）

第十九条　刑法等の一部を改正する法律の施行に伴う関係法律の整理等に関する法律（令和四年法律第六十八号）の一部を次のように改正する。

第三百四十二条第二十二号の次に次の一号を加える。

二十二の二　古都における歴史的風土の保存に関する特別措置法（昭和四十一年法律第一号）第二十一条及び第二十二条

第三百四十二条第二十六号中「第七十六条及び第七十七条」を「第百十五条第一項及び第百十六条」に改める。

第三百八十三条を次のように改める。

第三百八十三条　削除

理　由

良好な都市環境の形成を図り、併せて都市における脱炭素化を推進するため、都市における緑地の保全及び緑化の推進に関する国土交通大臣による基本方針及び都道府県による広域計画の策定、機能維持増進事業に係る都市計画に関する手続の特例、都市緑化支援機構の指定、民間事業者等による緑地確保の取組の認定、都市の脱炭素化に資する都市開発事業に対する支援の拡充等の措置を講ずる必要がある。これが、この法律案を提出する理由である。

都市緑地法等の一部を改正する法律案　新旧対照条文　目次

○都市緑地法（昭和四十八年法律第七十二号）（抄）（第一条関係）……1
○古都における歴史的風土の保存に関する特別措置法（昭和四十一年法律第一号）（抄）（第二条関係）……42
○都市開発資金の貸付けに関する法律（昭和四十一年法律第二十号）（抄）（第三条関係）……51
○都市計画法（昭和四十三年法律第百号）（抄）（第四条関係）……54
○都市再生特別措置法（平成十四年法律第二十二号）（抄）（第五条関係）……57
○地方交付税法（昭和二十五年法律第二百十一号）（抄）（附則第五条関係）……65
○農地法（昭和二十七年法律第二百二十九号）（抄）（附則第六条関係）……66
○都市公園法（昭和三十一年法律第七十九号）（抄）（附則第七条関係）……67
○首都圏近郊緑地保全法（昭和四十一年法律第百一号）（抄）（附則第八条関係）……69
○登録免許税法（昭和四十二年法律第三十五号）（抄）（附則第九条関係）……72
○近畿圏の保全区域の整備に関する法律（昭和四十二年法律第百三号）（抄）（附則第十条関係）……73
○生産緑地法（昭和四十九年法律第六十八号）（抄）（附則第十一条関係）……76
○明日香村における歴史的風土の保存及び生活環境の整備等に関する特別措置法（昭和五十五年法律第六十号）（抄）（附則第十二条関係）……77
○民間都市開発の推進に関する特別措置法（昭和六十二年法律第六十二号）（抄）（附則第十三条関係）……78
○独立行政法人国立文化財機構法（平成十一年法律第百七十八号）（抄）（附則第十四条関係）……79
○独立行政法人都市再生機構法（平成十五年法律第百号）（抄）（附則第十五条関係）……80
○景観法（平成十六年法律第百十号）（抄）（附則第十六条関係）……81
○地域における歴史的風致の維持及び向上に関する法律（平成二十年法律第四十号）（抄）（附則第十七条関係）……82
○都市の低炭素化の促進に関する法律（平成二十四年法律第八十四号）（抄）（附則第十八条関係）……84
○刑法等の一部を改正する法律の施行に伴う関係法律の整理等に関する法律（令和四年法律第六十八号）（抄）（附則第十九条関係）……86

○　都市緑地法（昭和四十八年法律第七十二号）（抄）（第一条関係）

（傍線の部分は改正部分）

改正案	現行
目次	目次
第一章　（略）	第一章　（略）
第二章　緑地の保全及び緑化の推進に関する基本方針及び計画（第三条の二―第四条）	第二章　緑地の保全及び緑化の推進に関する基本計画（第四条）
第三章　緑地保全地域等	第三章　緑地保全地域等
第一節　（略）	第一節　（略）
第二節　特別緑地保全地区（第十二条―第十九条の三）	第二節　特別緑地保全地区（第十二条―第十九条）
第三節～第五節　（略）	第三節～第五節　（略）
第四章～第六章　（略）	第四章～第六章　（略）
第七章　都市緑化支援機構（第六十九条―第八十条）	（新設）
第八章　緑地保全・緑化推進法人（第八十一条―第八十六条）	第七章　緑地保全・緑化推進法人（第六十九条―第七十四条）
第九章　優良緑地確保計画の認定等 第一節　優良緑地確保計画の認定（第八十七条―第九十四条） 第二節　登録調査機関等（第九十五条―第百十二条）	（新設）
第十章　雑則（第百十三条・第百十四条）	第八章　雑則（第七十五条）
第十一章　罰則（第百十五条―第百二十条）	第九章　罰則（第七十六条―第八十条）
附則	附則
第二章　緑地の保全及び緑化の推進に関する基本方針及び計画	第二章　緑地の保全及び緑化の推進に関する基本計画
（基本方針） 第三条の二　国土交通大臣は、都市における緑地の保全及び緑化の推進に関する基本的な方針（以下「基本方針」という。）を定めなければならない。	（新設）

2　基本方針においては、次に掲げる事項を定めるものとする。
一　緑地の保全及び緑化の推進の意義及び目標に関する事項
二　緑地の保全及び緑化の推進に関する基本的な事項
三　緑地の保全及び緑化の推進のために政府が実施すべき施策に関する基本的な方針
四　都道府県における緑地の保全及び緑化の目標の設定に関する事項その他の次条第一項に規定する広域計画の策定に関する基本的な事項
五　市町村における緑地の保全及び緑化の目標の設定に関する事項その他の第四条第一項に規定する基本計画の策定に関する基本的な事項
六　前各号に掲げるもののほか、緑地の保全及び緑化の推進に関する重要事項

3　基本方針は、国土形成計画法（昭和二十五年法律第二百五号）第六条第二項に規定する全国計画及び環境基本法（平成五年法律第九十一号）第十五条第一項に規定する環境基本計画との調和が保たれたものでなければならない。

4　国土交通大臣は、基本方針を定めようとするときは、関係行政機関の長に協議しなければならない。

5　国土交通大臣は、基本方針を定めたときは、遅滞なく、これを公表しなければならない。

6　前三項の規定は、基本方針の変更について準用する。

（広域計画）

第三条の三　都道府県は、都市における緑地の適正な保全及び緑化の推進に関する措置で主として都市計画区域内において講じられるものを総合的かつ計画的に実施するため、基本方針に基づき、当該都道府県の緑地の保全及び緑化の推進に関する計画（以下「広域計画」という。）を定めることができる。

2　広域計画においては、おおむね次に掲げる事項を定めるものと

（新設）

する。

一　緑地の保全及び緑化の目標

二　緑地の配置の方針その他の緑地の保全及び緑化の推進の方針に関する事項

三　緑地の保全及び緑化の推進のための施策に関する事項

四　都道府県の設置に係る都市公園（都市公園法第二条第一項に規定する都市公園をいう。次条第二項第四号において同じ。）の整備及び管理に関する事項

五　町村の区域内の緑地保全地域内における第八条の規定による行為の規制又は措置の基準

六　特別緑地保全地区内における第十七条の規定による土地の買入れ及び買い入れた土地の管理に関する事項

3　広域計画は、環境基本法第十五条第一項に規定する環境基本計画との調和が保たれるとともに、景観法（平成十六年法律第百十号）第八条第二項第一号の景観計画区域をその区域とする都道府県にあつては同条第一項の景観計画との調和が保たれ、かつ、都市計画法第六条の二第一項の都市計画区域の整備、開発及び保全の方針に適合するとともに、首都圏近郊緑地保全区域をその区域とする都県にあつては首都圏保全法第四条第一項の規定による近郊緑地保全計画に、近畿圏近郊緑地保全区域をその区域とする府県にあつては近畿圏保全法第三条第一項の規定による保全区域整備計画に、それぞれ適合したものでなければならない。

4　都道府県は、広域計画を定めるときは、あらかじめ、公聴会の開催その他の住民の意見を反映させるために必要な措置を講ずるよう努めるとともに、関係市町村の意見を聴かなければならない。

5　都道府県は、広域計画に第二項第五号に掲げる事項を定める場合においては、当該事項について、あらかじめ、都道府県都市計画審議会の意見を聴かなければならない。

6　都道府県は、広域計画を定めたときは、遅滞なく、これを公表

するよう努めるとともに、関係市町村長に通知しなければならない。

7　第三項から前項までの規定は、広域計画の変更について準用する。

（基本計画）

第四条　市町村は、都市における緑地の適正な保全及び緑化の推進に関する措置で主として都市計画区域内において講じられるものを総合的かつ計画的に実施するため、基本方針に基づき（広域計画が定められている場合にあつては、基本方針に基づくとともに、当該広域計画を勘案して）、当該市町村の緑地の保全及び緑化の推進に関する基本計画（以下「基本計画」という。）を定めることができる。

2　基本計画においては、おおむね次に掲げる事項を定めるものとする。

一　（略）

二　緑地の配置の方針その他の緑地の保全及び緑化の推進の方針に関する事項

三　（略）

（削る）

四　市町村の設置に係る都市公園の整備及び管理に関する事項

五　緑地保全地域内の緑地の保全に関する次に掲げる事項（町村にあつては、ロからニまでに掲げる事項）

イ　第八条の規定による行為の規制又は措置の基準

ロ　緑地の保全に関連して必要とされる施設の整備に関する事項

ハ　第二十四条第一項の規定による管理協定（次号ニ、第八条

第四条　市町村は、都市における緑地の適正な保全及び緑化の推進に関する措置で主として都市計画区域内において講じられるものを総合的かつ計画的に実施するため、当該市町村の緑地の保全及び緑化の推進に関する基本計画（以下「基本計画」という。）を定めることができる。

2　基本計画においては、おおむね次に掲げる事項を定めるものとする。

一　（略）

（新設）

二　（略）

三　地方公共団体の設置に係る都市公園（都市公園法第二条第一項に規定する都市公園をいう。第五項において同じ。）の整備及び管理の方針その他緑地の保全及び緑化の推進の方針に関する事項

（新設）

（新設）

第九項第七号及び第十四条第九項第五号において「管理協定」という。）に基づく緑地の管理に関する事項

ニ　第五十五条第一項又は第二項の規定による市民緑地契約（次号ホ、第八条第九項第八号及び第十四条第九項第六号において「市民緑地契約」という。）に基づく緑地の管理に関する事項その他緑地保全地域内の緑地の保全に関し必要な事項

六　特別緑地保全地区内の緑地の保全に関する次に掲げる事項

イ　（略）

ロ　緑地の有する機能の維持増進を図るために行う事業であって高度な技術を要するものとして国土交通省令で定めるもの（以下「機能維持増進事業」という。）の実施の方針

ハ　（略）

ニ　管理協定に基づく緑地の管理に関する事項

ホ　市民緑地契約に基づく緑地の管理に関する事項その他特別緑地保全地区内の緑地の保全に関し必要な事項

七　生産緑地法（昭和四十九年法律第六十八号）第三条第一項の規定による生産緑地地区（次号において「生産緑地地区」という。）内の緑地の保全に関する事項

八～十　（略）

3　前項第六号ロに掲げる事項には、市町村又は第六十九条第一項の規定により指定された都市緑化支援機構（以下この項及び次章第二節において「都市緑化支援機構」という。）が特別緑地保全地区内の土地において行う機能維持増進事業に関する事項を定めることができる。この場合において、都市緑化支援機構が行う機能維持増進事業に関する事項を定めるときは、あらかじめ、都市

四　特別緑地保全地区内の緑地の保全に関する事項で次に掲げるもの

イ　（略）

（新設）

ロ　（略）

ハ　第二十四条第一項の規定による管理協定（次章第一節及び第二節において単に「管理協定」という。）に基づく緑地の管理に関する事項

ニ　第五十五条第一項又は第二項の規定による市民緑地契約（次章第一節及び第二節において単に「市民緑地契約」という。）に基づく緑地の管理に関する事項その他特別緑地保全地区内の緑地の保全に関し必要な事項

五　生産緑地法（昭和四十九年法律第六十八号）第三条第一項の規定による生産緑地地区（次号において単に「生産緑地地区」という。）内の緑地の保全に関する事項

六～八　（略）

（新設）

緑化支援機構の同意を得なければならない。

4　基本計画は、環境基本法第十五条第一項に規定する環境基本計画との調和が保たれるとともに、景観法第八条第二項第一号の景観計画区域をその区域とする市町村にあつては同条第一項の景観計画との調和が保たれ、かつ、議会の議決を経て定められた当該市町村の建設に関する基本構想に即し、都市計画法第十八条の二第一項の市町村の都市計画に関する基本的な方針に適合するとともに、首都圏近郊緑地保全区域をその区域とする市町村にあつては首都圏保全法第四条第一項の規定による近郊緑地保全計画に、近畿圏近郊緑地保全区域をその区域とする市町村にあつては近畿圏保全法第三条第一項の規定による保全区域整備計画に、それぞれ適合したものでなければならない。

5　市町村は、基本計画を定めるときは、あらかじめ、公聴会の開催その他の住民の意見を反映させるために必要な措置を講ずるよう努めるものとする。

（削る）

6　市は、基本計画に第二項第五号イに掲げる事項を定める場合においては、当該事項について、あらかじめ、市町村都市計画審議会（当該市に市町村都市計画審議会が置かれていないときは、当該市の存する都道府県の都道府県都市計画審議会）の意見を聴かなければならない。

7　町村は、基本計画に第二項第五号ロ又は第六号イ若しくはロに掲げる事項を定める場合においては、当該事項について、あらかじめ、都道府県知事と協議してその同意を得、同項第五号ハ若しくはニ又は第六号ハからホまでに掲げる事項を定める場合におい

3　基本計画は、環境基本法（平成五年法律第九十一号）第十五条第一項に規定する環境基本計画との調和が保たれるとともに、景観法（平成十六年法律第百十号）第八条第二項第一号の景観計画区域をその区域とする市町村にあつては同条第一項の景観計画との調和が保たれ、かつ、議会の議決を経て定められた当該市町村の建設に関する基本構想に即し、都市計画法第十八条の二第一項の市町村の都市計画に関する基本的な方針に適合するとともに、首都圏近郊緑地保全区域をその区域とする市町村にあつては首都圏保全法第四条第一項の規定による近郊緑地保全計画に、近畿圏近郊緑地保全区域をその区域とする市町村にあつては近畿圏保全法第三条第一項の規定による保全区域整備計画に、緑地保全地域をその区域とする市町村にあつては第六条第一項の規定による緑地保全計画に、それぞれ適合したものでなければならない。

4　市町村は、基本計画を定めようとするときは、あらかじめ、公聴会の開催等住民の意見を反映させるために必要な措置を講ずるよう努めるものとする。

5　市町村は、基本計画に第二項第三号に掲げる事項（都道府県の設置に係る都市公園の整備及び管理の方針に係るものに限る。）を定めようとする場合においては、当該事項について、あらかじめ、都道府県知事と協議し、その同意を得なければならない。

（新設）

6　町村は、基本計画に第二項第四号イに掲げる事項を定めようとする場合においては、当該事項について、あらかじめ、都道府県知事と協議してその同意を得、同号ロからニまでに掲げる事項を定めようとする場合においては、当該事項について、あらかじめ

ては、当該事項について、あらかじめ、都道府県知事と協議しなければならない。

8　（略）

9　第三項から前項までの規定は、基本計画の変更について準用する。

（緑地保全地域における行為の規制等の基準）

第六条　緑地保全地域に関する都市計画が定められた場合においては、都道府県（市の区域内にあつては、当該市。以下「都道府県等」という。）は、第八条の規定による行為の規制又は措置の基準を定め、これを公表しなければならない。この場合において、当該都道府県にあつては、これを関係町村に通知しなければならない。

（削る）

（削る）

（削る）

2　都道府県等は、前項に規定する基準を定めるときは、あらかじめ、都道府県にあつては関係町村及び都道府県都市計画審議会の意見を、市にあつては市町村都市計画審議会（当該市に市町村都市計画審議会が置かれていないときは、当該市の存する都道府県の都道府県都市計画審議会）の意見を聴かなければならない。

、都道府県知事と協議しなければならない。

7　（略）

8　第四項から前項までの規定は、基本計画の変更について準用する。

（緑地保全計画）

第六条　緑地保全地域に関する都市計画が定められた場合においては、都道府県（市の区域内にあつては、当該市。以下「都道府県等」という。）は、当該緑地保全地域内の緑地の保全に関する計画（以下「緑地保全計画」という。）を定めなければならない。

2　緑地保全計画には、第八条の規定による行為の規制又は措置の基準を定めるものとする。

3　緑地保全計画には、前項に規定するもののほか、次に掲げる事項を定めることができる。

一　緑地の保全に関連して必要とされる施設の整備に関する事項

二　管理協定に基づく緑地の管理に関する事項

三　市民緑地契約に基づく緑地の管理に関する事項その他緑地保全地域内の緑地の保全に関し必要な事項

4　緑地保全計画は、環境基本法第十五条第一項に規定する環境基本計画との調和が保たれ、かつ、都市計画法第六条の二第一項の都市計画区域の整備、開発及び保全の方針に適合したものでなければならない。

5　都道府県等は、緑地保全計画を定めようとするときは、あらかじめ、都道府県にあつては関係町村及び都道府県都市計画審議会の意見を、市にあつては市町村都市計画審議会（当該市に市町村都市計画審議会が置かれていないときは、当該市の存する都道府県の都道府県都市計画審議会）の意見を聴かなければならない。

3 前二項の規定は、都道府県等が第三条の三第二項第五号に掲げる事項を定めた広域計画又は第四条第二項第五号イに掲げる事項を定めた基本計画を第三条の三第六項（同条第七項において準用する場合を含む。）又は第四条第八項（同条第九項において準用する場合を含む。）の規定により公表している場合については、適用しない。

（削る）

（緑地保全地域における行為の届出等）

第八条 （略）

2 都道府県知事等は、緑地保全地域内において前項の規定により届出を要する行為をしようとする者又はした者に対して、当該緑地の保全のために必要があると認めるときは、その必要な限度において、第六条第一項に規定する基準（同条第三項に規定する場合にあつては、第三条の三第二項第五号又は第四条第二項第五号イに規定する基準。第八項において同じ。）に従い、当該行為を禁止し、若しくは制限し、又は必要な措置をとるべき旨を命ずることができる。

3 前項の規定による処分は、第一項の規定による届出をした者に対しては、その届出があつた日から起算して三十日以内に限り、することができる。

4 都道府県知事等は、第一項の規定による届出があつた場合において、実地の調査をする必要があるとき、その他前項の期間内に第二項の規定による処分をすることができない合理的な理由があるときは、その理由が存続する間、前項の期間を延長することができる。この場合においては、同項の期間内に、第一項の規定による届出をした者に対し、その旨、延長する期間及び延長する理由を通知しなければならない。

（新設）

6 都道府県等は、緑地保全計画を定めたときは、遅滞なく、これを公表するとともに、都道府県にあつては関係町村に通知しなければならない。

（緑地保全地域における行為の届出等）

第八条 （略）

2 都道府県知事等は、緑地保全地域内において前項の規定により届出を要する行為をしようとする者又はした者に対して、当該緑地の保全のために必要があると認めるときは、その必要な限度において、緑地保全計画で定める基準に従い、当該行為を禁止し、若しくは制限し、又は必要な措置をとるべき旨を命ずることができる。

3 前項の処分は、第一項の届出をした者に対しては、その届出があつた日から起算して三十日以内に限り、することができる。

4 都道府県知事等は、第一項の届出があつた場合において、実地の調査をする必要があるとき、その他前項の期間内に第二項の処分をすることができない合理的な理由があるときは、その理由が存続する間、前項の期間を延長することができる。この場合においては、同項の期間内に、第一項の届出をした者に対し、その旨、延長する期間及び延長する理由を通知しなければならない。

5　第一項の規定による届出をした者は、その届出をした日から起算して三十日（前項の規定により第三項の期間が延長された場合にあつては、その延長された期間）を経過した後でなければ、当該届出に係る行為に着手してはならない。

6　（略）

7　前各項の規定にかかわらず、国の機関又は地方公共団体（港湾法（昭和二十五年法律第二百十八号）に規定する港務局を含む。以下この条において同じ。）が行う行為については、第一項の規定による届出をすることを要しない。この場合において、当該国の機関又は地方公共団体は、同項の規定により届出を要する行為をするときは、あらかじめ、都道府県知事等にその旨を通知しなければならない。

8　都道府県知事等は、前項後段の通知があつた場合において、当該緑地の保全のため必要があると認めるときは、その必要な限度において、当該国の機関又は地方公共団体に対し、第六条第一項に規定する基準に従い、当該緑地の保全のためとるべき措置について協議を求めることができる。

9　次に掲げる行為については、第一項、第二項、第七項後段及び前項の規定は、適用しない。

一～五　（略）

六　基本計画において定められた当該緑地保全地域内の緑地の保全に関連して必要とされる施設の整備に関する事項に従つて行う行為

七～九　（略）

（特別緑地保全地区における行為の制限）

第十四条　（略）

2・3　（略）

4　特別緑地保全地区内において第一項ただし書の政令で定める行為に該当する行為であつて同項各号に掲げるものをしようとする

5　第一項の届出をした者は、その届出をした日から起算して三十日を経過した後でなければ、当該届出に係る行為に着手してはならない。

6　（略）

7　前各項の規定にかかわらず、国の機関又は地方公共団体（港湾法（昭和二十五年法律第二百十八号）に規定する港務局を含む。以下この条において同じ。）が行う行為については、第一項の届出をすることを要しない。この場合において、当該国の機関又は地方公共団体は、同項の届出を要する行為をしようとするときは、あらかじめ、都道府県知事等にその旨を通知しなければならない。

8　都道府県知事等は、前項後段の通知があつた場合において、当該緑地の保全のため必要があると認めるときは、その必要な限度において、当該国の機関又は地方公共団体に対し、緑地保全計画で定める基準に従い、当該緑地の保全のためとるべき措置について協議を求めることができる。

9　次に掲げる行為については、第一項、第二項、第七項後段及び前項の規定は、適用しない。

一～五　（略）

六　緑地保全計画に定められた緑地の保全に関連して必要とされる施設の整備に関する事項に従つて行う行為

七～九　（略）

（特別緑地保全地区における行為の制限）

第十四条　（略）

2・3　（略）

4　特別緑地保全地区内において第一項ただし書の政令で定める行為に該当する行為で同項各号に掲げるものをしようとする者は、

者は、あらかじめ、都道府県知事等にその旨を通知しなければならない。

5・6　（略）

7　都道府県知事等は、第四項の規定による通知又は第五項若しくは前項の規定による届出があつた場合において、当該緑地の保全のため必要があると認めるときは、通知又は届出をした者に対して、必要な助言又は勧告をすることができる。

8　国の機関又は地方公共団体（港湾法に規定する港務局を含む。以下この項において同じ。）が行う行為については、第一項の許可を受けることを要しない。この場合において、当該国の機関又は地方公共団体は、その行為をするときは、あらかじめ、都道府県知事等に協議しなければならない。

9　次に掲げる行為については、第一項から第七項まで及び前項後段の規定は、適用しない。

一～三　（略）

四　基本計画において定められた当該特別緑地保全地区内の土地における機能維持増進事業の実施の方針に従つて行う行為

五～七　（略）

（土地の買入れ）

第十七条　都道府県等は、特別緑地保全地区内の土地で当該緑地の保全上必要があると認めるものについて、その所有者から第十四条第一項の許可を受けることができないためその土地の利用に著しい支障を来すこととなることにより当該土地を買い入れるべき旨の申出があつた場合においては、第三項又は次条第四項の規定による買入れが行われる場合を除き、これを買い入れるものとする。

2　前項の申出があつたときは、都道府県知事にあつては当該土地の買入れを希望する町村を、市長にあつては当該土地の買入れを希望する都道府県を、当該土地の買入れの相手方として定めるこ

あらかじめ、都道府県知事等にその旨を通知しなければならない。

5・6　（略）

7　都道府県知事等は、第四項の通知又は第五項若しくは前項の届出があつた場合において、当該緑地の保全のため必要があると認めるときは、通知又は届出をした者に対して、必要な助言又は勧告をすることができる。

8　国の機関又は地方公共団体（港湾法に規定する港務局を含む。以下この項において同じ。）が行う行為については、第一項の許可を受けることを要しない。この場合において、当該国の機関又は地方公共団体は、その行為をしようとするときは、あらかじめ、都道府県知事等に協議しなければならない。

9　次に掲げる行為については、第一項から第七項まで及び前項後段の規定は、適用しない。

一～三　（略）

（新設）

四～六　（略）

（土地の買入れ）

第十七条　都道府県等は、特別緑地保全地区内の土地で当該緑地の保全上必要があると認めるものについて、その所有者から第十四条第一項の許可を受けることができないためその土地の利用に著しい支障を来すこととなることにより当該土地を買い入れるべき旨の申出があつた場合においては、第三項の規定による買入れが行われる場合を除き、これを買い入れるものとする。

2　前項の規定による申出があつたときは、都道府県知事にあつては当該土地の買入れを希望する町村又は第六十九条第一項の規定により指定された緑地保全・緑化推進法人（第七十条第一号ハに

とができる。

3　前項の場合においては、土地の買入れの相手方として定められた都道府県又は町村が、当該土地を買い入れるものとする。

4　（略）

（都市緑化支援機構による特定緑地保全業務）

第十七条の二　都道府県等は、前条第一項の申出があつた場合において、当該申出に係る土地の規模若しくは形状又は管理の状況、当該都道府県等における同項の規定による買入れのために必要な事務の実施体制その他の事情を勘案して必要があると認めるときは、国土交通省令で定めるところにより、都市緑化支援機構に対し、当該土地（以下この条及び第七十条において「対象土地」という。）について、第七十条第一号から第四号までに掲げる業務（これらに附帯する業務を含む。以下「特定緑地保全業務」という。）を行うことを要請することができる。

2　前項の規定による要請を受けた都市緑化支援機構は、当該要請に係る対象土地が第七十一条第二項第一号に規定する基準に該当すると認めるときは、遅滞なく、当該要請をした都道府県等に対し、特定緑地保全業務を実施する旨を通知するものとする。

3　前項の規定による通知をした都市緑化支援機構及び同項の都道府県等は、当該通知の後速やかに、特定緑地保全業務の実施のため、次に掲げる事項をその内容に含む協定（以下「業務実施協定」という。）を締結するものとする。

一　都市緑化支援機構が第七十条第一号に掲げる業務として行う対象土地の買入れの時期

二　都市緑化支援機構が第七十条第二号に掲げる業務として行う

掲げる業務を行うものに限る。以下この条及び次条において単に「緑地保全・緑化推進法人」という。）を、市長にあつては当該土地の買入れを希望する都道府県又は緑地保全・緑化推進法人を、当該土地の買入れの相手方として定めることができる。

3　前項の場合においては、土地の買入れの相手方として定められた都道府県、町村又は緑地保全・緑化推進法人が、当該土地を買い入れるものとする。

4　（略）

（新設）

機能維持増進事業の内容及び方法
三　都市緑化支援機構が第七十条第三号に掲げる業務として行う対象土地の管理の内容及び方法
四　都市緑化支援機構が第一号の買入れに係る対象土地を保有する期間（当該買入れの日から起算して十年を超えないものに限る。）
五　前号の期間内において都市緑化支援機構が第七十条第四号に掲げる業務として行う都道府県等への対象土地の譲渡の方法及び時期
六　都市緑化支援機構による第一号から第三号まで及び前号に規定する業務の実施に要する費用であつて都道府県等が負担すべきものの支払の方法及び時期
七　その他国土交通省令で定める事項
4　都市緑化支援機構は、業務実施協定の内容に従つて、前条第一項の申出をした者から対象土地を買い入れるものとする。
5　前項の規定による買入れをする場合における対象土地の価額は、時価によるものとし、当該買入れに要した費用は、第二項の都道府県等が、業務実施協定の内容に従つて負担するものとする。
6　前二項に定めるもののほか、都市緑化支援機構は、業務実施協定の内容に従つて、特定緑地保全業務を行わなければならない。
7　第五項に定めるもののほか、都道府県等は、業務実施協定の内容に従つて、第三項第六号に規定する費用を負担するものとする。

（買い入れた土地の管理）
第十八条　都道府県は、第十七条第一項若しくは第三項の規定により買い入れた土地又は業務実施協定に基づいて都市緑化支援機構から譲渡を受けた土地については、この法律の目的に適合するように、かつ、第三条の三第二項第六号に掲げる事項を定める広域計画が定められた場合にあつては、当該事項に従つて管理しなけ

（買い入れた土地の管理）
第十八条　都道府県、市町村又は緑地保全・緑化推進法人は、前条第一項又は第三項の規定により買い入れた土地については、この法律の目的に適合するように、かつ、第四条第二項第四号ロに掲げる事項を定める基本計画が定められた場合にあつては、当該事項に従つて管理しなければならない。

ればならない。

2　前項の規定は、市町村について準用する。この場合において、同項中「第三条の三第二項第六号に掲げる事項を定める広域計画」とあるのは、「第四条第二項第六号ハに掲げる事項を定める基本計画」と読み替えるものとする。

（新設）

（都市計画の決定等に関する特例）

第十九条の二　市町村が第四条第二項第六号ロに掲げる事項を定めた基本計画を同条第八項（同条第九項において準用する場合を含む。）の規定により公表した場合において、当該市町村が都市計画に特別緑地保全地区内の土地を都市計画法第十一条第一項第二号に掲げる施設である緑地として定めるときについては、同法第十六条の規定及び同法第十九条第三項から第五項まで（同法第二十一条第二項において準用する場合を含む。）の規定は適用せず、同法第十九条第一項（同法第二十一条第二項において準用する場合を含む。）中「とする」とあるのは、「とする。ただし、当該都市計画の案について異議がある旨の第十七条第二項の規定による意見書の提出がなかつたときは、その議を経ることを要しない」とする。

（新設）

（都市計画事業の認可に関する特例）

第十九条の三　市町村は、第四条第三項（同条第九項において準用する場合を含む。）に規定する事項として、国土交通省令で定めるところにより、前条の規定により都市計画に定められた緑地の整備に関する事業の施行について都市計画法第五十九条第一項又は第四項の認可に関する事項を定めることができる。

（新設）

2　市町村は、基本計画に前項に規定する事項を定める場合においては、当該事項について、国土交通省令で定めるところにより、あらかじめ、次の各号に掲げる場合の区分に応じ当該各号に定める者に協議をするとともに、市にあつては都道府県知事に協議をし、その同意を得なければならない。

一　前項に規定する事業を都市計画事業として施行する場合には都市計画法第五十九条第六項の規定により同項に規定する施設を管理する者の意見の聴取を要することとなるとき　当該施設を管理する者

二　前項に規定する事業を都市計画事業として施行する場合には都市計画法第五十九条第六項の規定により同項に規定する土地改良事業計画による事業を行う者の意見の聴取を要することとなるとき　当該事業を行う者

3　第一項に規定する事項が定められた基本計画が第四条第八項（同条第九項において準用する場合を含む。）の規定により公表されたときは、当該公表の日に第一項に規定する事業を実施する市町村又は都市緑化支援機構に対する都市計画法第五十九条第一項又は第四項の認可があったものとみなす。

第三節　地区計画等の区域内における緑地の保全

（地区計画等緑地保全条例）

第二十条　市町村は、地区計画等（都市計画法第四条第九項に規定する地区計画等をいう。第三十九条第一項において同じ。）の区域（地区整備計画（同法第十二条の五第二項第一号に規定する地区整備計画をいう。以下この項及び第三十九条第一項において同じ。）、防災街区整備地区整備計画（密集市街地における防災街区の整備の促進に関する法律（平成九年法律第四十九号）第三十二条第二項第二号に規定する防災街区整備地区整備計画をいう。第三十九条第一項において同じ。）、沿道地区整備計画（幹線道路の沿道の整備に関する法律（昭和五十五年法律第三十四号）第九条第二項第一号に規定する沿道地区整備計画をいう。第三十九条第一項において同じ。）若しくは集落地区整備計画（集落地域整備法（昭和六十二年法律第六十三号）第五条第三項に規定する

第三節　地区計画等の区域内における緑地の保全

（地区計画等緑地保全条例）

第二十条　市町村は、地区計画等（都市計画法第四条第九項に規定する地区計画等をいう。以下同じ。）の区域（地区整備計画（同法第十二条の五第二項第一号に規定する地区整備計画をいう。以下この項及び第三十九条第一項において同じ。）、防災街区整備地区整備計画（密集市街地における防災街区の整備の促進に関する法律（平成九年法律第四十九号）第三十二条第二項第二号に規定する防災街区整備地区整備計画をいう。第三十九条第一項において同じ。）、沿道地区整備計画（幹線道路の沿道の整備に関する法律（昭和五十五年法律第三十四号）第九条第二項第一号に規定する沿道地区整備計画をいう。第三十九条第一項において同じ。）若しくは集落地区整備計画（集落地域整備法（昭和六十二年法律第六十三号）第五条第三項に規定する集落地区整備計画をい

集落地区整備計画をいう。）において、現に存する樹林地、草地等（緑地であるものに限る。次項において同じ。）で良好な居住環境を確保するため必要なものの保全に関する事項（地区整備計画にあつては、都市計画法第十二条の五第七項第四号に該当するものを除く。）が定められている区域又は歴史的風致の維持及び向上に関する法区整備計画（地域における歴史的風致の維持及び向上に関する法律（平成二十年法律第四十号）第三十一条第二項第一号に規定する歴史的風致維持向上地区整備計画をいう。第三十九条第一項において同じ。）において、現に存する樹林地、草地その他の緑地で歴史的風致（同法第一条に規定する歴史的風致をいう。第三項において同じ。）の維持及び向上を図るとともに、良好な居住環境を確保するために必要なものの保全に関する事項が定められている区域（同項において「歴史的風致維持向上地区整備計画区域」という。）に限り、特別緑地保全地区を除く。）内において、条例で、当該区域内における第十四条第一項各号に掲げる行為について、市町村長の許可を受けなければならないこととすることができる。

2・3　（略）

4　地区計画等緑地保全条例には、第十四条第一項ただし書、第二項、第四項から第八項まで及び第九項（第一号、第二号、第六号及び第七号に係る部分に限る。）の規定の例により、当該条例に定める制限の適用除外、許可基準その他必要な事項を定めなければならない。

（管理協定の締結等）

第二十四条　地方公共団体又は第八十一条第一項の規定により指定された緑地保全・緑化推進法人（第八十二条第一号イに掲げる業務を行うものに限る。）は、緑地保全地域又は特別緑地保全地区内の緑地の保全のため必要があると認めるときは、当該緑地保全地域又は特別緑地保全地区内の土地又は木竹の所有者又は使用及

う。）において、現に存する樹林地、草地等（緑地であるものに限る。次項において同じ。）で良好な居住環境を確保するため必要なものの保全に関する事項（地区整備計画にあつては、都市計画法第十二条の五第七項第四号に該当するものを除く。）が定められている区域又は歴史的風致の維持及び向上に関する事項（地域における歴史的風致の維持及び向上に関する法律（平成二十年法律第四十号）第三十一条第二項第一号に規定する歴史的風致維持向上地区整備計画をいう。第三十九条第一項において同じ。）において、現に存する樹林地、草地その他の緑地で歴史的風致（同法第一条に規定する歴史的風致をいう。第三項において同じ。）の維持及び向上を図るとともに、良好な居住環境を確保するために必要なものの保全に関する事項が定められている区域（同項において「歴史的風致維持向上地区整備計画区域」という。）に限り、特別緑地保全地区を除く。）内において、条例で、当該区域内における第十四条第一項各号に掲げる行為について、市町村長の許可を受けなければならないこととすることができる。

2・3　（略）

4　地区計画等緑地保全条例には、第十四条第一項ただし書、第二項、第四項から第八項まで及び第九項（第一号、第二号、第五号及び第六号に係る部分に限る。）の規定の例により、当該条例に定める制限の適用除外、許可基準その他必要な事項を定めなければならない。

（管理協定の締結等）

第二十四条　地方公共団体又は第六十九条第一項の規定により指定された緑地保全・緑化推進法人（第七十条第一号イに掲げる業務を行うものに限る。）は、緑地保全地域又は特別緑地保全地区内の緑地の保全のため必要があると認めるときは、当該緑地保全地域又は特別緑地保全地区内の土地又は木竹の所有者又は使用及び

び収益を目的とする権利（臨時設備その他一時的に使用する施設のため設定されたことが明らかなものを除く。）を有する者（以下「土地の所有者等」と総称する。）と次に掲げる事項を定めた協定（以下「管理協定」という。）を締結して、当該土地の区域内の緑地の管理を行うことができる。

一～五　（略）

2　（略）

3　管理協定の内容は、次の各号に掲げる基準のいずれにも適合するものでなければならない。

一　緑地保全地域内の緑地に係る管理協定については、基本計画との調和が保たれ、かつ、基本計画に第四条第二項第五号ハに掲げる事項が定められている場合にあつては当該事項に従つて管理を行うものであること。

二　特別緑地保全地区内の緑地に係る管理協定については、基本計画との調和が保たれ、かつ、基本計画に第四条第二項第六号ニに掲げる事項が定められている場合にあつては当該事項に従つて管理を行うものであること。

三・四　（略）

4　地方公共団体又は第一項の緑地保全・緑化推進法人は、管理協定に同項第三号に掲げる事項を定める場合においては、当該事項について、あらかじめ、都道府県知事等と協議し、その同意を得なければならない。ただし、都道府県が当該都道府県の区域（市の区域を除く。）内の土地について、又は市が当該市の区域内の土地について管理協定を締結する場合は、この限りでない。

5　第一項の緑地保全・緑化推進法人が管理協定を締結するときは、あらかじめ、市町村長の認可を受けなければならない。

（都市の美観風致を維持するための樹木の保存に関する法律の特

収益を目的とする権利（臨時設備その他一時使用のため設定されたことが明らかなものを除く。）を有する者（以下「土地の所有者等」と総称する。）と次に掲げる事項を定めた協定（以下「管理協定」という。）を締結して、当該土地の区域内の緑地の管理を行うことができる。

一～五　（略）

2　（略）

3　管理協定の内容は、次の各号に掲げる基準のいずれにも適合するものでなければならない。

一　緑地保全地域内の緑地に係る管理協定については、基本計画及び緑地保全計画との調和が保たれ、かつ、緑地保全計画に第六条第三項第二号に掲げる事項が定められている場合にあつては当該事項に従つて管理を行うものであること。

二　特別緑地保全地区内の緑地に係る管理協定については、基本計画との調和が保たれ、かつ、基本計画に第四条第二項第四号ハに掲げる事項が定められている場合にあつては当該事項に従つて管理を行うものであること。

三・四　（略）

4　地方公共団体又は第一項の緑地保全・緑化推進法人は、管理協定に同項第三号に掲げる事項を定めようとする場合においては、当該事項について、あらかじめ、都道府県知事等と協議し、その同意を得なければならない。ただし、都道府県が当該都道府県の区域（市の区域を除く。）内の土地について、又は市が当該市の区域内の土地について管理協定を締結する場合は、この限りでない。

5　第一項の緑地保全・緑化推進法人が管理協定を締結しようとするときは、あらかじめ、市町村長の認可を受けなければならない。

（都市の美観風致を維持するための樹木の保存に関する法律の特

例）

第三十条　第二十四条第一項の緑地保全・緑化推進法人が管理協定に基づき管理する樹木又は樹木の集団で都市の美観風致を維持するための樹木の保存に関する法律（昭和三十七年法律第百四十二号）第二条第一項の規定に基づき保存樹又は保存樹林として指定されたものについての同法の規定の適用については、同法第五条第一項中「所有者」とあるのは「所有者及び緑地保全・緑化推進法人（都市緑地法第八十一条第一項の規定により指定された緑地保全・緑化推進法人をいう。以下同じ。）」と、同法第六条第二項及び第八条中「所有者」とあるのは「緑地保全・緑化推進法人」と、同法第九条中「所有者」とあるのは「所有者又は緑地保全・緑化推進法人」とする。

（国の補助）

第三十一条　国は、都道府県等が行う第十六条において読み替えて準用する第十条第一項の規定による損失の補償及び第十七条第一項の規定による土地の買入れ又は第十七条の二第五項の規定による負担並びに都道府県又は町村が行う第十七条第三項の規定による土地の買入れに要する費用については、予算の範囲内において、政令で定めるところにより、その一部を補助することができる。

2　国は、地方公共団体が行う緑地保全地域内の緑地の保全に関連して必要とされる施設の整備（基本計画又は管理協定において定められた当該施設の整備に関する事項に従つて行われるものに限る。）又は特別緑地保全地区内の緑地の保全に関連して必要とされる施設の整備（基本計画又は管理協定において定められた当該施設の整備に関する事項に従つて行われるものに限る。）に要する費用については、予算の範囲内において、政令で定めるところにより、その一部を補助することができる。

例）

第三十条　第二十四条第一項の緑地保全・緑化推進法人が管理協定に基づき管理する樹木又は樹木の集団で都市の美観風致を維持するための樹木の保存に関する法律（昭和三十七年法律第百四十二号）第二条第一項の規定に基づき保存樹又は保存樹林として指定されたものについての同法の規定の適用については、同法第五条第一項中「所有者」とあるのは「所有者及び緑地保全・緑化推進法人（都市緑地法第六十九条第一項の規定により指定された緑地保全・緑化推進法人をいう。以下同じ。）」と、同法第六条第二項及び第八条中「所有者」とあるのは「緑地保全・緑化推進法人」と、同法第九条中「所有者」とあるのは「所有者又は緑地保全・緑化推進法人」とする。

（国の補助）

第三十一条　国は、都道府県等が行う第十六条において読み替えて準用する第十条第一項の規定による損失の補償及び第十七条第一項の規定による土地の買入れ並びに都道府県又は町村が行う同条第三項の規定による土地の買入れに要する費用については、予算の範囲内において、政令で定めるところにより、その一部を補助することができる。

2　国は、地方公共団体が行う緑地保全地域内の緑地の保全に関連して必要とされる施設の整備（緑地保全計画又は管理協定において定められた当該施設の整備に関する事項に従つて行われるものに限る。）又は特別緑地保全地区内の緑地の保全に関連して必要とされる施設の整備（基本計画又は管理協定において定められた当該施設の整備に関する事項に従つて行われるものに限る。）に要する費用については、予算の範囲内において、政令で定めるところにより、その一部を補助することができる。

（市民緑地契約の締結等）

第五十五条　地方公共団体又は第八十一条第一項の規定により指定された緑地保全・緑化推進法人（第八十二条第一号ロに掲げる業務を行うものに限る。）は、良好な都市環境の形成を図るため、都市計画区域又は準都市計画区域内における政令で定める規模以上の土地又は人工地盤、建築物その他の工作物（以下「土地等」という。）の所有者の申出に基づき、当該土地等の所有者と次に掲げる事項を定めた契約（以下「市民緑地契約」という。）を締結して、当該土地等に住民の利用に供する緑地又は緑化施設（植栽、花壇その他の緑化のための施設及びこれに附属して設けられる園路、土留その他の施設をいう。以下同じ。）を設置し、これらの緑地又は緑化施設（以下「市民緑地」という。）を管理することができる。

一～五　（略）

2　地方公共団体又は前項の緑地保全・緑化推進法人は、緑地保全地域、特別緑地保全地区若しくは第四条第二項第八号の地区内の緑地の保全又は緑化地域若しくは同項第十号の地区内の緑化の推進のため必要があると認めるときは、前項の規定にかかわらず、同項の規定による土地等の所有者の申出がない場合であつても、当該地区内における同項に規定する土地等の所有者と市民緑地契約を締結して、当該土地等に市民緑地を設置し、これを管理することができる。

3　市民緑地契約の内容は、基本計画との調和が保たれたものでなければならない。

4　（略）

5　地方公共団体は、首都圏近郊緑地保全区域、近畿圏近郊緑地保全区域、緑地保全地域、特別緑地保全地区又は地区計画等緑地保全条例により制限を受ける区域内の土地について締結する市民緑地契約に第一項第二号ロに掲げる事項を定める場合においては、

（市民緑地契約の締結等）

第五十五条　地方公共団体又は第六十九条第一項の規定により指定された緑地保全・緑化推進法人（第七十条第一号ロに掲げる業務を行うものに限る。）は、良好な都市環境の形成を図るため、都市計画区域又は準都市計画区域内における政令で定める規模以上の土地又は人工地盤、建築物その他の工作物（以下「土地等」という。）の所有者の申出に基づき、当該土地等の所有者と次に掲げる事項を定めた契約（以下「市民緑地契約」という。）を締結して、当該土地等に住民の利用に供する緑地又は緑化施設（植栽、花壇その他の緑化のための施設及びこれに附属して設けられる園路、土留その他の施設をいう。以下同じ。）を設置し、これらの緑地又は緑化施設（以下「市民緑地」という。）を管理することができる。

一～五　（略）

2　地方公共団体又は前項の緑地保全・緑化推進法人は、緑地保全地域、特別緑地保全地区若しくは第四条第二項第六号の地区内の緑地の保全又は緑化地域若しくは同項第八号の地区内の緑化の推進のため必要があると認めるときは、前項の規定にかかわらず、同項の規定による土地等の所有者の申出がない場合であつても、当該地区内における同項に規定する土地等の所有者と市民緑地契約を締結して、当該土地等に市民緑地を設置し、これを管理することができる。

3　市民緑地契約の内容は、基本計画（緑地保全地域内にあつては、基本計画及び緑地保全計画。第六十一条第一項第六号において同じ。）との調和が保たれたものでなければならない。

4　（略）

5　地方公共団体は、首都圏近郊緑地保全区域、近畿圏近郊緑地保全区域、緑地保全地域、特別緑地保全地区又は地区計画等緑地保全条例により制限を受ける区域内の土地について締結する市民緑地契約に第一項第二号ロに掲げる事項を定めようとする場合にお

あらかじめ、当該市民緑地契約の対象となる土地の区域が第一号に掲げるものである場合にあつては同号に定める者に当該事項を届け出、第二号又は第三号に掲げるものである場合にあつてはそれぞれ第二号又は第三号に定める者と当該事項について協議しその同意を得なければならない。

一～三　（略）

6　（略）

7　第一項の緑地保全・緑化推進法人は、首都圏近郊緑地保全区域、近畿圏近郊緑地保全区域、緑地保全地域、特別緑地保全地区又は地区計画等緑地保全条例により制限を受ける区域内の土地について締結する市民緑地契約に同項第二号ロに掲げる事項を定める場合においては、当該事項について、あらかじめ、当該市民緑地契約の対象となる土地の区域が第五項第一号に掲げるものである場合にあつては同号に定める者と協議し、同項第二号又は第三号に掲げるものである場合にあつてはそれぞれ同項第二号又は第三号に定める者と協議しその同意を得なければならない。

8・9　（略）

第五十七条　削除

（市民緑地設置管理計画の認定）

第六十条　緑化地域又は第四条第二項第十号の地区内の土地等に市民緑地を設置し、これを管理しようとする者は、国土交通省令で定めるところにより、当該市民緑地の設置及び管理に関する計画（以下「市民緑地設置管理計画」という。）を作成し、市町村長の認定を申請することができる。

いては、あらかじめ、当該市民緑地契約の対象となる土地の区域が第一号に掲げるものである場合にあつては同号に定める者に当該事項を届け出、第二号又は第三号に掲げるものである場合にあつてはそれぞれ第二号又は第三号に定める者と当該事項について協議しその同意を得なければならない。

一～三　（略）

6　（略）

7　第一項の緑地保全・緑化推進法人は、首都圏近郊緑地保全区域、近畿圏近郊緑地保全区域、緑地保全地域、特別緑地保全地区又は地区計画等緑地保全条例により制限を受ける区域内の土地について締結する市民緑地契約に同項第二号ロに掲げる事項を定めようとする場合においては、当該事項について、あらかじめ、当該市民緑地契約の対象となる土地の区域が第五項第一号に掲げるものである場合にあつては同号に定める者と協議し、同項第二号又は第三号に掲げるものである場合にあつてはそれぞれ同項第二号又は第三号に定める者と協議しその同意を得なければならない。

8・9　（略）

（国等の援助）

第五十七条　国及び地方公共団体は、市民緑地の適切な管理を図るため、市民緑地の設置及び管理を行う地方公共団体又は第五十五条第一項の緑地保全・緑化推進法人に対し、必要な助言、指導その他の援助を行うよう努めるものとする。

（市民緑地設置管理計画の認定）

第六十条　緑化地域又は第四条第二項第八号の地区内の土地等に市民緑地を設置し、これを管理しようとする者は、国土交通省令で定めるところにより、当該市民緑地の設置及び管理に関する計画（以下「市民緑地設置管理計画」という。）を作成し、市町村長の認定を申請することができる。

2 （略）

（市民緑地設置管理計画の変更）

第六十二条　前条第一項の認定を受けた者（以下この節において「認定事業者」という。）は、当該認定を受けた市民緑地設置管理計画の変更（国土交通省令で定める軽微な変更を除く。）をしようとするときは、国土交通省令で定めるところにより、市町村長の認定を受けなければならない。

2 （略）

（認定市民緑地の管理）

第六十七条　地方公共団体又は第八十一条第一項の規定により指定された緑地保全・緑化推進法人（第八十二条第一号ロに掲げる業務を行うものに限る。）は、認定事業者との契約に基づき、認定計画に従つて設置された市民緑地（次条において「認定市民緑地」という。）を管理することができる。

第七章　都市緑化支援機構

（支援機構の指定）

第六十九条　国土交通大臣は、都市における緑地の保全及び緑化の推進を支援することを目的とする一般社団法人又は一般財団法人であつて、次条に規定する業務（以下「支援業務」という。）に関し次の各号のいずれにも適合すると認められるものを、その申請により、全国を通じて一に限り、都市緑化支援機構（以下「支援機構」という。）として指定することができる。

一　支援業務を適正かつ確実に実施することができる経理的基礎及び技術的能力を有するものであること。

二　支援業務以外の業務を行つている場合にあつては、その業務を行うことによつて支援業務の適正かつ確実な実施に支障を及

---

2 （略）

（市民緑地設置管理計画の変更）

第六十二条　前条第一項の認定を受けた者（以下「認定事業者」という。）は、当該認定を受けた市民緑地設置管理計画の変更（国土交通省令で定める軽微な変更を除く。）をしようとするときは、国土交通省令で定めるところにより、市町村長の認定を受けなければならない。

2 （略）

（認定市民緑地の管理）

第六十七条　地方公共団体又は第六十九条第一項の規定により指定された緑地保全・緑化推進法人（第七十条第一号ロに掲げる業務を行うものに限る。）は、認定事業者との契約に基づき、認定計画に従つて設置された市民緑地（次条において「認定市民緑地」という。）を管理することができる。

（新設）

（新設）

ぼすおそれがないものであること。
三　前二号に掲げるもののほか、支援業務を適正かつ確実に実施することができるものとして、国土交通省令で定める基準に適合するものであること。
2　次の各号のいずれかに該当する者は、前項の規定による指定（以下この章において「指定」という。）を受けることができない。
一　この法律又はこの法律に基づく命令若しくは処分に違反し、刑に処せられ、その執行を終わり、又は執行を受けることがなくなつた日から起算して二年を経過しない者
二　第七十九条第一項又は第二項の規定により指定を取り消され、その取消しの日から起算して二年を経過しない者
三　その役員のうちに、第一号に該当する者がある者
3　国土交通大臣は、指定をしたときは、支援機構の名称、住所及び支援業務を行う事務所の所在地を公示しなければならない。
4　支援機構は、その名称、住所又は支援業務を行う事務所の所在地を変更するときは、あらかじめ、その旨を国土交通大臣に届け出なければならない。
5　国土交通大臣は、前項の規定による届出があつたときは、当該届出に係る事項を公示しなければならない。

（支援機構の業務）
第七十条　支援機構は、次に掲げる業務を行うものとする。
一　第十七条の二第一項の規定による都道府県等の要請に基づき、第十七条第一項の申出をした者から対象土地を買い入れること。
二　前号の買入れに係る対象土地の区域内において機能維持増進事業を行うこと。
三　前号に掲げるもののほか、同号に規定する対象土地の管理を行うこと。

（新設）

四　第十七条の二第三項第四号の期間内において都道府県等への対象土地の譲渡を行うこと。
五　第八十九条第三項に規定する認定事業者に対し、第九十条に規定する緑地確保事業の実施のために必要な資金の貸付けを行うこと。
六　緑地の保全及び緑化の推進に関する情報又は資料を収集し、及び提供すること。
七　緑地の保全及び緑化の推進に関し必要な助言及び指導を行うこと。
八　緑地の保全及び緑化の推進に関する調査及び研究を行うこと。
九　前各号に掲げる業務に附帯する業務を行うこと。

（業務規程の認可）
第七十一条　支援機構は、国土交通省令で定めるところにより、特定緑地保全業務に関する規程（以下この条及び第七十九条第二項第三号において「業務規程」という。）を定め、国土交通大臣の認可を受けなければならない。
2　業務規程には、次に掲げる事項を定めるものとする。
一　特定緑地保全業務を行うべき土地の基準に関する事項
二　業務実施協定の締結に関する事項
三　特定緑地保全業務の実施の方法に関する事項
四　特定緑地保全業務の適正かつ確実な実施を確保するための措置に関する事項
五　その他特定緑地保全業務に関し必要な事項として国土交通省令で定める事項
3　支援機構は、業務規程の変更をするときは、国土交通大臣の認可を受けなければならない。
4　支援機構は、第一項又は前項の認可を受けたときは、遅滞なく、その業務規程を公表しなければならない。

（新設）

改正後	改正前
5　国土交通大臣は、第一項又は第三項の認可をした業務規程が特定緑地保全業務を適正かつ確実に実施する上で不適当となつたと認めるときは、支援機構に対し、その業務規程を変更すべきことを命ずることができる。	
（事業計画等） 第七十二条　支援機構は、毎事業年度、国土交通省令で定めるところにより、支援業務に係る事業計画書及び収支予算書を作成し、当該事業年度の開始前に（指定を受けた日の属する事業年度にあつては、その指定を受けた後遅滞なく）、国土交通大臣の認可を受けなければならない。 2　支援機構は、前項の認可を受けた事業計画書及び収支予算書を変更するときは、あらかじめ、国土交通省令で定めるところにより、国土交通大臣の認可を受けなければならない。 3　支援機構は、毎事業年度、国土交通省令で定めるところにより、支援業務に係る事業報告書及び収支決算書を作成し、当該事業年度の終了後三月以内に国土交通大臣に提出しなければならない。	（新設）
（業務の休廃止） 第七十三条　支援機構は、国土交通大臣の許可を受けなければ、支援業務の全部又は一部を休止し、又は廃止してはならない。 2　国土交通大臣は、前項の許可をしたときは、遅滞なく、その旨を公示しなければならない。	（新設）
（区分経理） 第七十四条　支援機構は、国土交通省令で定めるところにより、次に掲げる業務ごとに経理を区分して整理しなければならない。 一　特定緑地保全業務 二　第七十条第五号に掲げる業務及びこれに附帯する業務	（新設）

三　第七十条第六号から第八号までに掲げる業務及びこれらに附帯する業務

（帳簿の記載等）
第七十五条　支援機構は、支援業務について、国土交通省令で定めるところにより、帳簿を備え、国土交通省令で定める事項を記載し、これを保存しなければならない。

（新設）

（秘密保持義務等）
第七十六条　支援機構の役員若しくは職員又はこれらの者であった者は、支援業務に関して知り得た秘密を漏らし、又は自己の利益のために使用してはならない。
2　支援業務に従事する支援機構の役員又は職員は、刑法（明治四十年法律第四十五号）その他の罰則の適用については、法令により公務に従事する職員とみなす。

（新設）

（報告徴収及び立入検査）
第七十七条　国土交通大臣は、支援業務の適正かつ確実な実施を確保するために必要な限度において、支援機構に対し支援業務若しくは資産の状況に関し必要な報告を求め、又はその職員に、支援機構の事務所に立ち入り、支援業務の状況若しくは帳簿書類その他の物件を検査させ、若しくは関係者に質問させることができる。
2　第十一条第三項及び第四項の規定は、前項の規定による立入検査について準用する。

（新設）

（監督命令）
第七十八条　国土交通大臣は、支援業務の適正かつ確実な実施を確保するために必要な限度において、支援機構に対し、支援業務に関し監督上必要な命令をすることができる。

（新設）

（指定の取消し）
第七十九条　国土交通大臣は、支援機構が次の各号のいずれかに該当するときは、その指定を取り消すものとする。
一　第六十九条第二項第一号又は第三号のいずれかに該当するに至つたとき。
二　指定に関し不正の行為があつたとき。
2　国土交通大臣は、支援機構が次の各号のいずれかに該当するときは、その指定を取り消すことができる。
一　支援業務を適正かつ確実に実施することができないと認められるとき。
二　第六十九条第四項、第七十二条、第七十三条第一項、第七十四条又は第七十五条の規定に違反したとき。
三　第七十一条第一項又は第三項の認可を受けた業務規程によらないで支援業務を行つたとき。
四　第七十一条第五項又は前条の規定による命令に違反したとき。
3　国土交通大臣は、前二項の規定により指定を取り消したときは、その旨を公示しなければならない。

（新設）

（指定を取り消した場合における経過措置）
第八十条　前条第一項又は第二項の規定により指定を取り消した場合において、国土交通大臣がその取消し後に新たに指定をしたときは、取消しに係る支援機構の特定緑地保全業務に係る財産は、新たに指定を受けた支援機構に帰属する。
2　前項に定めるもののほか、前条第一項又は第二項の規定により指定を取り消した場合における特定緑地保全業務に係る財産の管理その他所要の経過措置（罰則に関する経過措置を含む。）は、合理的に必要と判断される範囲内において、政令で定める。

（新設）

第八章　緑地保全・緑化推進法人

（推進法人の指定）

第八十一条　（略）

２　市町村長は、前項の規定による指定をしたときは、推進法人の名称、住所及び事務所の所在地を公示しなければならない。

３　推進法人は、その名称、住所又は事務所の所在地を変更するときは、あらかじめ、その旨を市町村長に届け出なければならない。

４　（略）

（推進法人の業務）

第八十二条　推進法人は、当該市町村の区域内において、次に掲げる業務を行うものとする。

一　次のいずれかに掲げる業務

イ・ロ　（略）

（削る）

二～五　（略）

第八十三条～第八十六条　（略）

第九章　優良緑地確保計画の認定等

第一節　優良緑地確保計画の認定

（緑地確保指針の策定）

第八十七条　国土交通大臣は、都市における緑地の保全及び緑化の推進による良好な都市環境の形成を図るために緑地確保事業者（その事業において都市における緑地の整備、保全その他の管理に

第七章　緑地保全・緑化推進法人

（指定）

第六十九条　（略）

２　市町村長は、前項の規定による指定をしたときは、当該推進法人の名称、住所及び事務所の所在地を公示しなければならない。

３　推進法人は、その名称、住所又は事務所の所在地を変更しようとするときは、あらかじめ、その旨を市町村長に届け出なければならない。

４　（略）

（業務）

第七十条　推進法人は、当該市町村の区域内において、次に掲げる業務を行うものとする。

一　次のいずれかに掲げる業務

イ・ロ　（略）

ハ　主として都市計画区域内の緑地の買取り及び買い取つた緑地の保全を行うこと。

二～五　（略）

第七十一条～第七十四条　（略）

（新設）

（新設）

（新設）

関する取組を行う事業者をいう。以下同じ。）が講ずべき措置に関する指針（以下この条及び次条において「緑地確保指針」という。）を定めるものとする。

2　緑地確保指針においては、次に掲げる事項を定めるものとする。

一　周囲の自然環境と調和のとれた緑地又は緑化施設の整備又は設置、地域の自然的社会的条件に応じた多様な動植物の生息環境又は生育環境の確保その他の良好な都市環境の形成に関して緑地確保事業者が取り組むべき事項

二　その他緑地確保事業者による都市における緑地の確保に関する取組の実施に際し配慮すべき事項

3　国土交通大臣は、緑地確保指針を定め、又はこれを変更するときは、あらかじめ、関係行政機関の長に協議しなければならない。

4　国土交通大臣は、緑地確保指針を定め、又はこれを変更したときは、遅滞なく、これを公表しなければならない。

（優良緑地確保計画の認定）

第八十八条　緑地確保事業者は、国土交通省令で定めるところにより、その実施する都市における緑地の確保のための取組（以下「緑地確保事業」という。）に関する計画（以下「優良緑地確保計画」という。）を作成し、当該優良緑地確保計画が緑地確保指針に適合するものである旨の国土交通大臣の認定を申請することができる。

2　優良緑地確保計画には、次に掲げる事項を記載しなければならない。

一　緑地確保事業を実施する区域の位置及び面積

二　緑地確保事業の内容

三　計画期間

四　緑地確保事業の実施体制

（新設）

五　資金計画

六　その他国土交通省令で定める事項

3　前項第二号に掲げる事項には、都市再生特別措置法（平成十四年法律第二十二号）第六十三条第三項第一号及び第二号に掲げる事項を記載することができる。

4　国土交通大臣は、第一項の認定の申請があつた場合において、当該申請に係る優良緑地確保計画が緑地確保指針に適合していると認めるときは、その認定をするものとする。

5　国土交通大臣は、第一項の認定のための審査に当たつては、国土交通省令で定めるところにより、その申請に係る優良緑地確保計画の緑地確保指針への適合性についての技術的な調査を行うものとする。

6　国土交通大臣は、第一項の認定をする場合において、その申請に係る優良緑地確保計画に記載された緑地確保事業の実施に係る行為が次の各号に掲げる行為のいずれかに該当するときは、当該優良緑地確保計画について、あらかじめ、当該各号に定める者に協議し、かつ、当該行為が第三号に掲げる行為に該当するものである場合にあつては、その同意を得なければならない。

一　首都圏近郊緑地保全区域又は近畿圏近郊緑地保全区域内において行う行為であつて、首都圏保全法第七条第一項又は近畿圏保全法第八条第一項の規定による届出をしなければならないもの　都府県知事（当該行為が指定都市の区域内において行われるものである場合にあつては、当該指定都市の長）

二　緑地保全地域内において行う行為であつて、第八条第一項の規定による届出をしなければならないもの　都道府県知事等

三　特別緑地保全地区内において行う行為であつて、第十四条第一項の許可を受けなければならないもの　都道府県知事等

7　都道府県知事等は、前項第三号に掲げる行為に係る優良緑地確保計画について同項の協議があつた場合において、当該協議に係る緑地確保事業の実施に係る行為が第十四条第二項の規定により

同条第一項の許可をしてはならない場合に該当しないと認めるときは、前項の同意をするものとする。

8　国土交通大臣は、第一項の認定をしたときは、当該認定を受けた緑地確保事業者の氏名又は名称及び当該認定に係る優良緑地確保計画の内容を公表するものとする。

（変更の認定等）

第八十九条　前条第一項の認定を受けた緑地確保事業者は、当該認定に係る優良緑地確保計画を変更するときは、国土交通省令で定めるところにより、あらかじめ、国土交通大臣の認定を受けなければならない。ただし、国土交通省令で定める軽微な変更については、この限りでない。

2　前項の変更の認定を受けようとする者は、国土交通省令で定めるところにより、変更に係る事項を記載した申請書を国土交通大臣に提出しなければならない。

3　前条第一項の認定（第一項の変更の認定を含む。以下「計画の認定」という。）を受けた緑地確保事業者（以下「認定事業者」という。）は、第一項ただし書の国土交通省令で定める軽微な変更をしたときは、遅滞なく、その旨を国土交通大臣に届け出なければならない。

4　前条第四項から第八項までの規定は、第一項の変更の認定について準用する。

（助言等）

第九十条　国は、認定事業者に対し、計画の認定を受けた優良緑地確保計画（変更があつたときは、その変更後のもの。以下「認定優良緑地確保計画」という。）に従つて行われる緑地確保事業の実施に関し必要な助言、情報の提供その他の措置を講ずるよう努めるものとする。

（新設）

（新設）

（改善命令及び認定の取消し）

第九十一条　国土交通大臣は、認定事業者が認定優良緑地確保計画に従つて緑地確保事業を行つていないと認めるときは、当該認定事業者に対し、相当の期限を定めて、その改善に必要な措置をとるべきことを命ずることができる。

2　国土交通大臣は、認定事業者が前項の規定による命令に違反したときは、計画の認定を取り消すことができる。

3　国土交通大臣は、前項の規定により計画の認定を取り消したときは、その旨を公表するものとする。

（新設）

（定期の報告）

第九十二条　認定事業者は、毎年度、国土交通省令で定めるところにより、認定優良緑地確保計画の実施状況について国土交通大臣に報告しなければならない。

（新設）

（首都圏保全法等の特例）

第九十三条　認定事業者が認定優良緑地確保計画に従つて首都圏近郊緑地保全区域内において行う行為については、首都圏保全法第七条第一項の規定は、適用しない。

2　認定事業者が認定優良緑地確保計画に従つて近畿圏近郊緑地保全区域内において行う行為については、近畿圏保全法第八条第一項の規定は、適用しない。

3　認定事業者が認定優良緑地確保計画に従つて緑地保全地域内において行う行為については、第八条第一項及び第二項の規定は、適用しない。

4　特別緑地保全地区内において第十四条第一項の許可を受けなければならない行為を認定事業者が認定優良緑地確保計画に従つて行う場合には、当該行為については、同項の許可があつたものとみなす。

（新設）

（都市再生推進法人の業務の特例）

第九十四条　都市再生特別措置法第百十八条第一項の規定により指定された都市再生推進法人は、同法第百十九条各号に掲げる業務のほか、認定事業者に対し、当該認定事業者が実施する緑地確保事業に関する知識を有する者の派遣、情報の提供、相談その他の援助を行うことができる。

2　前項の場合においては、都市再生特別措置法第百二十一条第一項及び第二項中「掲げる業務」とあるのは、「掲げる業務及び都市緑地法（昭和四十八年法律第七十二号）第九十四条第一項に規定する業務」とする。

第二節　登録調査機関等

（登録調査機関による調査）

第九十五条　国土交通大臣は、その登録を受けた者（以下「登録調査機関」という。）に第八十八条第五項（第八十九条第四項において準用する場合を含む。）に規定する技術的な調査（以下「調査」という。）の全部又は一部を行わせることができる。

2　国土交通大臣は、前項の規定により登録調査機関に調査の全部又は一部を行わせるときは、当該調査の全部又は一部を行わないものとする。この場合において、国土交通大臣は、登録調査機関が第四項の規定により通知する調査の結果を考慮して計画の認定のための審査を行わなければならない。

3　国土交通大臣が第一項の規定により登録調査機関に調査の全部又は一部を行わせることとしたときは、計画の認定を受けようとする者は、当該調査の全部又は一部については、国土交通省令で定めるところにより、登録調査機関にその実施を申請しなければならない。

4　登録調査機関は、前項の規定による申請に係る調査を行ったときは、遅滞なく、当該調査の結果を、国土交通省令で定めるとこ

（新設）

（新設）

（新設）

ろにより、国土交通大臣に通知しなければならない。

5　第三項の申請の手続その他の登録調査機関による調査の実施に関し必要な事項は、国土交通省令で定める。

（登録）

第九十六条　前条第一項の登録（以下「登録」という。）は、国土交通省令で定めるところにより、調査の業務を行おうとする者の申請により行う。

（新設）

（欠格条項）

第九十七条　次の各号のいずれかに該当する者は、登録を受けることができない。

一　この法律又はこの法律に基づく命令若しくは処分に違反し、罰金以上の刑に処せられ、その執行を終わり、又は執行を受けることがなくなつた日から一年を経過しない者

二　第百十条第一項から第三項までの規定により登録を取り消され、その取消しの日から一年を経過しない者（当該登録を取り消された者が法人である場合においては、当該取消しの処分に係る行政手続法（平成五年法律第八十八号）第十五条第一項の規定による通知があつた日前六十日以内に当該法人の役員であつた者で当該取消しの日から一年を経過しないものを含む。）

三　法人であつて、その業務を行う役員のうちに前二号のいずれかに該当する者があるもの

（新設）

（登録の基準等）

第九十八条　国土交通大臣は、第九十六条の規定により登録の申請をした者（第二号において「登録申請者」という。）が次に掲げる要件の全てに適合しているときは、その登録をしなければならない。

一　調査を適確に行うために必要なものとして国土交通省令で定

（新設）

める基準に適合していること。

二　緑地の整備又は管理を業とする者（以下この号において「緑地整備等業者」という。）に支配されているものとして次のいずれかに該当するものでないこと。

イ　登録申請者が株式会社である場合にあつては、緑地整備等業者がその親法人（会社法（平成十七年法律第八十六号）第八百七十九条第一項に規定する親法人をいう。）であること。

ロ　登録申請者が法人である場合にあつては、その役員（持分会社（会社法第五百七十五条第一項に規定する持分会社をいう。）にあつては、業務を執行する社員）に占める緑地整備等業者の役員又は職員（過去二年間に緑地整備等業者の役員又は職員であつた者を含む。ハにおいて同じ。）の割合が二分の一を超えていること。

ハ　登録申請者（法人にあつては、その代表権を有する役員）が、緑地整備等業者の役員又は職員であること。

2　国土交通大臣は、登録をしたときは、遅滞なく、登録調査機関について、その氏名又は名称及び住所、調査の業務の範囲、調査の業務を行う事務所の所在地その他国土交通省令で定める事項を公示しなければならない。

（登録の更新）

第九十九条　登録は、三年を下らない政令で定める期間ごとにその更新を受けなければ、その期間の経過によつて、効力を失う。

2　前三条の規定は、前項の登録の更新について準用する。

3　第一項の登録の更新の申請があつた場合において、同項の期間（以下この条において「登録の有効期間」という。）の満了の日までにその申請に対する処分がされないときは、従前の登録は、登録の有効期間の満了後もその処分がされるまでの間は、なおその効力を有する。

（新設）

4　前項の場合において、第一項の登録の更新がされたときは、その登録の有効期間は、従前の登録の有効期間の満了の日の翌日から起算するものとする。

（調査の実施）

第百条　登録調査機関は、調査を行うことを求められたときは、正当な理由がある場合を除き、遅滞なく、調査を行わなければならない。

（新設）

2　登録調査機関は、公正に、かつ、国土交通省令で定める基準に適合する方法により調査を行わなければならない。

（変更の届出）

第百一条　登録調査機関は、その氏名若しくは名称、住所又は調査の業務を行う事務所の所在地の変更をするときは、その二週間前までに、国土交通大臣に届け出なければならない。

（新設）

2　国土交通大臣は、前項の規定による届出があつたときは、遅滞なく、その旨を公示しなければならない。

（業務規程）

第百二条　登録調査機関は、調査の業務に関する規程（以下この条及び第百十条第二項第二号において「業務規程」という。）を定め、国土交通大臣の認可を受けなければならない。これを変更するときも、同様とする。

（新設）

2　業務規程には、調査の実施方法その他の国土交通省令で定める事項を定めておかなければならない。

3　国土交通大臣は、第一項の認可をした業務規程が調査を公正かつ適確に実施する上で不適当となつたと認めるときは、その業務規程を変更すべきことを命ずることができる。

（業務の休廃止）

第百三条　登録調査機関は、国土交通大臣の許可を受けなければ、調査の業務の全部又は一部を休止し、又は廃止してはならない。

2　国土交通大臣は、前項の許可をしたときは、遅滞なく、その旨を公示しなければならない。

（新設）

（財務諸表等の備付け及び閲覧等）

第百四条　登録調査機関は、毎事業年度経過後三月以内に、当該事業年度の財産目録、貸借対照表及び損益計算書又は収支計算書並びに事業報告書（その作成に代えて電磁的記録（電子的方式、磁気的方式その他人の知覚によつては認識することができない方式で作られる記録であつて、電子計算機による情報処理の用に供されるものをいう。以下この条において同じ。）の作成がされている場合における当該電磁的記録を含む。次項及び第百二十条において「財務諸表等」という。）を作成し、五年間事務所に備えて置かなければならない。

2　緑地確保事業者その他の利害関係人は、登録調査機関の業務時間内は、いつでも、次に掲げる請求をすることができる。ただし、第二号又は第四号の請求をするには、登録調査機関の定めた費用を支払わなければならない。

一　財務諸表等が書面をもつて作成されているときは、当該書面の閲覧又は謄写の請求

二　前号の書面の謄本又は抄本の請求

三　財務諸表等が電磁的記録をもつて作成されているときは、当該電磁的記録に記録された事項を国土交通省令で定める方法により表示したものの閲覧又は謄写の請求

四　前号の電磁的記録に記録された事項を電磁的方法（電子情報処理組織を使用する方法その他の情報通信の技術を利用する方法であつて国土交通省令で定めるものをいう。）により提供することの請求又は当該事項を記載した書面の交付の請求

（新設）

（帳簿の記載等）
第百五条　登録調査機関は、調査の業務について、国土交通省令で定めるところにより、帳簿を備え、国土交通省令で定める事項を記載し、これを保存しなければならない。

（新設）

（秘密保持義務等）
第百六条　登録調査機関の役員（法人でない登録調査機関にあつては、当該登録を受けた者。次項において同じ。）若しくは職員又はこれらの者であつた者は、調査の業務に関して知り得た秘密を漏らし、又は自己の利益のために使用してはならない。
2　調査の業務に従事する登録調査機関の役員又は職員は、刑法その他の罰則の適用については、法令により公務に従事する職員とみなす。

（新設）

（報告徴収及び立入検査）
第百七条　国土交通大臣は、調査の業務の公正かつ適確な実施を確保するために必要な限度において、登録調査機関に対し調査の業務若しくは経理の状況に関し必要な報告を求め、又はその職員に、登録調査機関の事務所に立ち入り、調査の業務の状況若しくは設備、帳簿、書類その他の物件を検査させ、若しくは関係者に質問させることができる。
2　第十一条第三項及び第四項の規定は、前項の規定による立入検査について準用する。

（新設）

（適合命令）
第百八条　国土交通大臣は、登録調査機関が第九十八条第一項各号に掲げる要件のいずれかに適合しなくなつたと認めるときは、当該登録調査機関に対し、これらの要件に適合するため必要な措置をとるべきことを命ずることができる。

（新設）

（改善命令）
第百九条　国土交通大臣は、登録調査機関が第百条の規定に違反していると認めるとき、又は登録調査機関が行う調査が適当でないと認めるときは、当該登録調査機関に対し、調査を行うべきこと又は調査の方法その他の業務の方法の改善に関し必要な措置をとるべきことを命ずることができる。

（登録の取消し等）
第百十条　国土交通大臣は、登録調査機関が次の各号のいずれかに該当するときは、その登録を取り消さなければならない。
一　第九十七条第一号又は第三号のいずれかに該当するに至ったとき。
二　不正の手段により登録又はその更新を受けたとき。
2　国土交通大臣は、登録調査機関が次の各号のいずれかに該当するときは、その登録を取り消し、又は一年以内の期間を定めて調査の業務の全部若しくは一部の停止を命ずることができる。
一　第九十五条第四項、第百一条第一項、第百三条第一項、第百四条第一項又は第百五条の規定に違反したとき。
二　第百二条第一項の認可を受けた業務規程によらないで調査の業務を行ったとき。
三　正当な理由がないのに第百四条第二項の請求を拒んだとき。
四　第百二条第三項、第百八条又は前条の規定による命令に違反したとき。
3　国土交通大臣は、前二項に規定する場合のほか、登録調査機関が、正当な理由がないのに、その登録を受けた日から一年を経過してもなおその登録に係る調査の業務を開始しないときは、その登録を取り消すことができる。
4　国土交通大臣は、前三項の規定による処分をしたときは、遅滞なく、その旨を公示しなければならない。

（新設）

（新設）

（国土交通大臣による調査の業務の実施）

第百十一条　国土交通大臣は、登録調査機関が第百三条第一項の許可を受けてその調査の業務の全部若しくは一部を休止した場合、前条第二項の規定により登録調査機関に対し調査の業務の全部若しくは一部の停止を命じた場合又は登録調査機関が天災その他の事由により調査の業務の全部若しくは一部を実施することが困難となつた場合において、必要があると認めるときは、第九十五条第二項の規定にかかわらず、調査の業務の全部又は一部を自ら行うものとする。

２　国土交通大臣は、前項の規定により調査の業務を行うこととし、又は同項の規定により行つている調査の業務を行わないこととするときは、あらかじめ、その旨を公示しなければならない。

３　国土交通大臣が、第一項の規定により調査の業務を行うこととし、第百三条第一項の規定により調査の業務の廃止を許可し、又は前条第一項から第三項までの規定により登録を取り消した場合における調査の業務の引継ぎその他の必要な事項は、国土交通省令で定める。

（手数料）

第百十二条　計画の認定を受けようとする者は、実費を勘案して政令で定める額の手数料を国に納めなければならない。ただし、国土交通大臣が第九十五条第一項の規定により登録調査機関に調査の全部を行わせることとしたときは、この限りでない。

２　登録調査機関が行う調査を受けようとする者は、政令で定めるところにより登録調査機関が国土交通大臣の認可を受けて定める額の手数料を、当該登録調査機関に納めなければならない。

第十章　雑則

（国等の援助）

（新設）

（新設）

第八章　雑則

第百十三条　国及び地方公共団体は、都市における緑地の保全及び緑化の推進を図るため、関係地方公共団体、支援機構又は推進法人に対し、必要な情報の提供、助言、指導その他の援助を行うよう努めるものとする。

第百十四条　（略）

第十一章　罰則

第百十五条　第九条第一項（第十五条において準用する場合を含む。）、第三十七条第一項（第四十三条第四項において準用する場合を含む。）又は第百十条第二項の規定による命令に違反したときは、その違反行為をした者は、一年以下の懲役又は五十万円以下の罰金に処する。

2　第七十六条第一項又は第百六条第一項の規定に違反して、支援業務又は調査の業務に関して知り得た秘密を漏らし、又は自己の利益のために使用した者は、一年以下の拘禁刑又は五十万円以下の罰金に処する。

第百十六条　次の各号のいずれかに該当する場合には、その違反行為をした者は、六月以下の懲役又は三十万円以下の罰金に処する。

一　第十四条第一項の規定に違反したとき。

二　第十四条第三項の規定により許可に付された条件に違反したとき。

第百十七条　次の各号のいずれかに該当する場合には、その違反行為をした者は、三十万円以下の罰金に処する。

一　第七条第三項（第十三条において準用する場合を含む。）又は第八条第五項の規定に違反したとき。

（新設）

第七十五条　（略）

第九章　罰則

第七十六条　第九条第一項（第十五条において準用する場合を含む。）又は第三十七条第一項（第四十三条第四項において準用する場合を含む。）の規定による命令に違反した者は、一年以下の懲役又は五十万円以下の罰金に処する。

（新設）

第七十七条　次の各号のいずれかに該当する者は、六月以下の懲役又は三十万円以下の罰金に処する。

一　第十四条第一項の規定に違反した者

二　第十四条第三項の規定により許可に付された条件に違反した者

第七十八条　次の各号のいずれかに該当する者は、三十万円以下の罰金に処する。

一　第七条第三項（第十三条において準用する場合を含む。）又は第八条第五項の規定に違反した者

二　第八条第一項の規定による届出をせず、又は虚偽の届出をしたとき。
三　第八条第二項の規定による都道府県知事等の命令又は第八十四条の規定による市町村長の命令に違反する行為をしたとき。
四　第十一条第一項（第十九条において読み替えて準用する場合を含む。）又は第六十三条の規定による報告をせず、又は虚偽の報告をしたとき。
五　第十一条第二項（第十九条において読み替えて準用する場合を含む。）の規定による立入検査又は立入調査を拒み、妨げ、又は忌避したとき。
六　第三十八条第一項（第四十三条第四項において準用する場合を含む。以下この号において同じ。）の規定による報告をせず、若しくは虚偽の報告をし、又は第三十八条第一項の規定による立入検査を拒み、妨げ、若しくは忌避したとき。
七　第七十三条第一項又は第百三条第一項の許可を受けないで、支援業務又は調査の業務の全部を廃止したとき。
八　第七十五条又は第百五条の規定に違反して、帳簿を備えず、帳簿に記載せず、若しくは帳簿に虚偽の記載をし、又は帳簿を保存しなかつたとき。
九　第七十七条第一項若しくは第百七条第一項の規定による報告をせず、若しくは虚偽の報告をし、又はこれらの規定による立入検査を拒み、妨げ、若しくは忌避し、若しくはこれらの規定による質問に対して答弁をせず、若しくは虚偽の答弁をしたとき。
第百十八条　法人の代表者又は法人若しくは人の代理人、使用人その他の従業者が、その法人又は人の業務又は財産に関して第百十五条第一項又は前二条の違反行為をしたときは、行為者を罰する

二　第八条第一項の規定による届出をせず、又は虚偽の届出をした者
三　第八条第二項の規定による市町村長の命令に違反する行為をした者
四　第十一条第一項（第十九条において読み替えて準用する場合を含む。）、第三十八条第一項（第四十三条第四項において準用する場合を含む。）又は第六十三条の規定による報告をせず、又は虚偽の報告をした者
五　第十一条第二項（第十九条において読み替えて準用する場合を含む。）の規定による立入検査若しくは立入調査又は第三十八条第一項（第四十三条第四項において準用する場合を含む。）の規定による立入検査を拒み、妨げ、又は忌避した者
（新設）
（新設）
（新設）
（新設）
第七十九条　法人の代表者又は法人若しくは人の代理人、使用人その他の従業者が、その法人又は人の業務又は財産に関して前三条の違反行為をしたときは、行為者を罰するほか、その法人又は人

ほか、その法人又は人に対して各本条の罰金刑を科する。 第百十九条　（略） 第百二十条　第百四条第一項の規定に違反して、財務諸表等を備えて置かず、財務諸表等に記載すべき事項を記載せず、若しくは虚偽の記載をし、又は正当な理由がないのに同条第二項の請求を拒んだ者は、二十万円以下の過料に処する。	に対して各本条の罰金刑を科する。 第八十条　（略） （新設）

○　古都における歴史的風土の保存に関する特別措置法（昭和四十一年法律第一号）（抄）（第二条関係）

（傍線の部分は改正部分）

改正案

（歴史的風土保存計画）

第五条　（略）

2　歴史的風土保存計画には、次の事項を定めなければならない。

一～三　（略）

四　歴史的風土特別保存地区内の歴史的風土の保存に関する次に掲げる事項

イ　歴史的風土特別保存地区内の緑地の有する機能の維持増進を図るために行う事業であつて高度な技術を要するものとして国土交通省令で定めるもの（第十三条第三項第二号及び第十四条第一項第二号において「機能維持増進事業」という。）の実施の方針

ロ　第十二条の規定による土地の買入れに関する事項

3・4　（略）

第八条　（略）

（特別保存地区内における行為の制限）

第九条　特別保存地区内においては、次の各号に掲げる行為は、府県知事の許可を受けなければ、してはならない。ただし、通常の管理行為、軽易な行為その他の行為で政令で定めるもの、非常災害のため必要な応急措置として行う行為及び当該特別保存地区に関する都市計画が定められた際既に着手している行為については、この限りでない。

一～七　（略）

2・3　（略）

現行

（歴史的風土保存計画）

第五条　（略）

2　歴史的風土保存計画には、次の事項を定めなければならない。

一～三　（略）

四　第十一条の規定による土地の買入れに関する事項

3・4　（略）

第七条の二　（略）

（特別保存地区内における行為の制限）

第八条　特別保存地区内においては、次の各号に掲げる行為は、府県知事の許可を受けなければ、してはならない。ただし、通常の管理行為、軽易な行為その他の行為で政令で定めるもの、非常災害のため必要な応急措置として行なう行為及び当該特別保存地区に関する都市計画が定められた際すでに着手している行為については、この限りでない。

一～七　（略）

2・3　（略）

4　国土交通大臣は、第一項又は第二項の政令の制定又は改廃の立案をするときは、あらかじめ社会資本整備審議会の意見を聴かなければならない。

5〜7　（略）

8　国の機関が行う行為については、第一項の許可を受けることを要しない。この場合において、当該国の機関は、その行為をするときは、あらかじめ府県知事に協議しなければならない。

（損失の補償）

第十条　前条第一項の許可を得ることができないため損失を受けた者がある場合においては、府県は、その損失を受けた者に対して通常生ずべき損失を補償しなければならない。ただし、次の各号のいずれかに該当する場合における当該許可の申請に係る行為については、この限りでない。

一　前条第一項の許可の申請に係る行為について、次条に規定する法律（これに基づく命令を含む。以下この号において同じ。）の規定により許可を必要とされている場合において、当該法律の規定により不許可の処分がなされたとき。

二　（略）

2・3　（略）

（行為の禁止又は制限に関する他の法律の適用）

第十一条　第七条及び第九条の規定は、歴史的風土保存区域内における工作物の新築、改築又は増築、土地の形質の変更その他の行為についての禁止又は制限に関する都市計画法（昭和四十三年法律第百号）、建築基準法（昭和二十五年法律第二百一号）、文化財保護法（昭和二十五年法律第二百十四号）、奈良国際文化観光都市建設法（昭和二十五年法律第二百五十号）、京都国際文化観光都市建設法（昭和二十五年法律第二百五十一号）その他の法律

4　国土交通大臣は、第一項又は第二項の政令の制定又は改廃の立案をしようとするときは、あらかじめ社会資本整備審議会の意見を聴かなければならない。

5〜7　（略）

8　国の機関が行なう行為については、第一項の許可を受けることを要しない。この場合において、当該国の機関は、その行為をしようとするときは、あらかじめ府県知事に協議しなければならない。

（損失の補償）

第九条　前条第一項の許可を得ることができないため損失を受けた者がある場合においては、府県は、その損失を受けた者に対して通常生ずべき損失を補償しなければならない。ただし、次の各号の一に該当する場合における当該許可の申請に係る行為については、この限りでない。

一　前条第一項の許可の申請に係る行為について、第十条に規定する法律（これに基づく命令を含む。以下この号において同じ。）の規定により許可を必要とされている場合において、当該法律の規定により不許可の処分がなされたとき。

二　（略）

2・3　（略）

（行為の禁止又は制限に関する他の法律の適用）

第十条　第七条及び第八条の規定は、歴史的風土保存区域内における工作物の新築、改築又は増築、土地の形質の変更その他の行為についての禁止又は制限に関する都市計画法（昭和四十三年法律第百号）、建築基準法（昭和二十五年法律第二百一号）、文化財保護法（昭和二十五年法律第二百十四号）、奈良国際文化観光都市建設法（昭和二十五年法律第二百五十号）、京都国際文化観光都市建設法（昭和二十五年法律第二百五十一号）その他の法律（

（これらに基づく命令を含む。）の規定の適用を妨げるものではない。

（土地の買入れ）

第十二条　府県は、特別保存地区内の土地で歴史的風土の保存上必要があると認めるものについて、当該土地の所有者から第九条第一項の許可を得ることができないためその土地の利用に著しい支障を来すこととなることにより当該土地を府県において買い入れるべき旨の申出があつた場合においては、次条第四項の規定による買入れが行われる場合を除き、当該土地を買い入れるものとする。

2　前項の規定による買入れをする場合における土地の価額は、時価によるものとする。

（都市緑化支援機構による特定土地保全業務）

第十三条　府県は、前条第一項の申出があつた場合において、当該申出に係る土地の規模若しくは形状又は管理の状況、当該府県における同項の規定による買入れのために必要な事務の実施体制その他の事情を勘案して必要があると認めるときは、国土交通省令で定めるところにより、都市緑化支援機構（都市緑地法（昭和四十八年法律第七十二号）第六十九条第一項の規定により指定された都市緑化支援機構をいう。以下この条から第十五条までにおいて同じ。）に対し、当該土地（以下この条及び次条において「対象土地」という。）について、次条第一項各号に掲げる業務（以下この条において「特定土地保全業務」という。）を行うことを要請することができる。

2　前項の規定による要請を受けた都市緑化支援機構は、当該要請に係る対象土地が次条第二項の規定により読み替えて適用する都市緑地法第七十一条第二項第一号に規定する基準に該当すると認

これらに基づく命令を含む。）の規定の適用を妨げるものではない。

（土地の買入れ）

第十一条　府県は、特別保存地区内の土地で歴史的風土の保存上必要があると認めるものについて、当該土地の所有者から第八条第一項の許可を得ることができないためその土地の利用に著しい支障をきたすこととなることにより当該土地を府県において買い入れるべき旨の申出があつた場合においては、当該土地を買い入れるものとする。

2　前項の規定による買入れをする場合における土地の価額は、時価によるものとし、政令で定めるところにより、評価基準に基づいて算定しなければならない。

（新設）

めるときは、遅滞なく、当該要請をした府県に対し、特定土地保全業務を実施する旨を通知するものとする。

3　前項の規定による通知をした都市緑化支援機構及び同項の府県は、当該通知の後速やかに、特定土地保全業務の実施のため、次に掲げる事項をその内容に含む協定（以下この条及び第十五条において「土地保全業務実施協定」という。）を締結するものとする。

一　都市緑化支援機構が次条第一項第一号に掲げる業務として行う対象土地の買入れの時期

二　都市緑化支援機構が次条第一項第二号に掲げる業務として行う機能維持増進事業の内容及び方法

三　都市緑化支援機構が次条第一項第三号に掲げる業務として行う対象土地の管理の内容及び方法

四　都市緑化支援機構が第一号の買入れに係る対象土地を保有する期間（当該買入れの日から起算して十年を超えないものに限る。）

五　前号の期間内において都市緑化支援機構が次条第一項第四号に掲げる業務として行う府県への対象土地の譲渡の方法及び時期

六　都市緑化支援機構による第一号から第三号まで及び前号に規定する業務の実施に要する費用であつて府県が負担すべきものの支払の方法及び時期

七　その他国土交通省令で定める事項

4　都市緑化支援機構は、土地保全業務実施協定の内容に従つて、前条第一項の申出をした者から対象土地を買い入れるものとする。

5　前項の規定による買入れをする場合における対象土地の価額は、時価によるものとし、当該買入れに要した費用は、第二項の府県が、土地保全業務実施協定の内容に従つて負担するものとする。

6 前二項に定めるもののほか、都市緑化支援機構は、土地保全業務実施協定の内容に従つて、特定土地保全業務を行わなければならない。

7 第五項に定めるもののほか、府県は、土地保全業務実施協定の内容に従つて、第三項第六号に規定する費用を負担するものとする。

（都市緑化支援機構の業務の特例）

第十四条　都市緑化支援機構は、都市緑地法第七十条各号に掲げる業務のほか、次に掲げる業務を行うことができる。

一 前条第一項の規定による府県の要請に基づき、第十二条第一項の申出をした者から対象土地を買い入れること。

二 前号の買入れに係る対象土地の区域内において機能維持増進事業を行うこと。

三 前号に掲げるもののほか、同号に規定する対象土地の管理を行うこと。

四 前条第三項第四号の期間内において府県への対象土地の譲渡を行うこと。

五 前各号に掲げる業務に附帯する業務を行うこと。

2 前項の規定により都市緑化支援機構が同項各号に掲げる業務を行う場合における都市緑地法第七章の規定（これらの規定に係る罰則を含む。）の適用については、次の表の上欄に掲げる同法の規定中同表の中欄に掲げる字句は、それぞれ同表の下欄に掲げる字句とする。

第七十一条第一項	特定緑地保全業務	特定緑地保全業務及び特定土地保全業務（古都における歴史的風土の保存に関する特別措置法（昭和四十一年法律第一号。以下「古都保存法」とい

（新設）

		う。）第十三条第一項に規定する特定土地保全業務をいう。以下同じ。）（以下「特定緑地保全業務等」という。）
第七十一条第二項第一号及び第三号から第五号まで並びに第五項並びに第八十条	特定緑地保全業務	特定緑地保全業務等
第七十一条第二項第二号	業務実施協定	業務実施協定及び土地保全業務実施協定（古都保存法第十三条第三項に規定する土地保全業務実施協定をいう。）
第七十二条第一項及び第三項並びに第七十五条	支援業務	支援業務及び特定土地保全業務
第七十四条	業務ごと	業務及び特定土地保全業務ごと
第七十六条第一項	支援業務	支援業務又は特定土地保全業務（以下「支援業務等」という。）
第七十六条第二項、第七十七条第一項、第七十八条、第七十九条第二項第一号及び第百十五条	支援業務	支援業務等

第二項		
第百十七条第八号	第七十五条	第七十五条（古都保存法第十四条第二項の規定により読み替えて適用する場合を含む。）
第百十七条第九号	第七十七条第一項	第七十七条第一項（古都保存法第十四条第二項の規定により読み替えて適用する場合を含む。）

（買い入れた土地の管理）
第十五条　府県は、第十二条第一項の規定により買い入れた土地及び土地保全業務実施協定に基づいて都市緑化支援機構から譲渡を受けた土地については、この法律の目的に適合するように管理しなければならない。

第十六条　（略）

（費用の負担及び補助）
第十七条　国は、第十条の規定による損失の補償及び第十二条第一項の規定による土地の買入れ又は第十三条第五項の規定による負担に要する費用については、政令で定めるところにより、その一部を負担する。

2　国は、地方公共団体が歴史的風土保存計画に基づいて行う歴史的風土の維持保存及び施設の整備に要する費用については、予算の範囲内において、政令で定めるところにより、当該地方公共団体に対し、その一部を補助することができる。

（削る）

（買い入れた土地の管理）
第十二条　府県は、前条の規定により買い入れた土地については、この法律の目的に適合するように管理しなければならない。

第十三条　（略）

（費用の負担及び補助）
第十四条　国は、第九条の規定による損失の補償及び第十一条の規定による土地の買入れに要する費用については、政令で定めるところにより、その一部を負担する。

2　国は、地方公共団体が歴史的風土保存計画に基づいて行なう歴史的風土の維持保存及び施設の整備に要する費用については、予算の範囲内において、政令で定めるところにより、当該地方公共団体に対し、その一部を補助することができる。

第十五条　削除

第十八条　（略）

（削る）

（報告、立入調査等）

第十九条　府県知事は、歴史的風土の保存のため必要があると認めるときは、その必要な限度において、特別保存地区内の土地の所有者その他の関係者に対して、第九条第一項各号に掲げる行為の実施状況その他必要な事項について報告を求めることができる。

２　府県知事は、第九条第一項、第五項又は第六項前段の規定による権限を行うため必要があると認めるときは、その必要な限度において、その職員をして、特別保存地区内の土地に立ち入り、その状況を調査させ、又は同条第一項各号に掲げる行為の実施状況を検査させることができる。

３・４　（略）

第二十条　（略）

（罰則）

第二十一条　第九条第六項前段の規定による命令に違反したときは、その違反行為をした者は、一年以下の懲役又は十万円以下の罰金に処する。

第二十二条　次の各号のいずれかに該当する場合には、その違反行為をした者は、六月以下の懲役又は五万円以下の罰金に処する。

一　第九条第一項の規定に違反したとき。

二　第九条第五項の規定により許可に付せられた条件に違反したとき。

第二十三条　次の各号のいずれかに該当する場合には、その違反行

第十六条　（略）

第十七条　削除

（報告、立入調査等）

第十八条　府県知事は、歴史的風土の保存のため必要があると認めるときは、その必要な限度において、特別保存地区内の土地の所有者その他の関係者に対して、第八条第一項各号に掲げる行為の実施状況その他必要な事項について報告を求めることができる。

２　府県知事は、第八条第一項、第五項又は第六項前段の規定による権限を行うため必要があると認めるときは、その必要な限度において、その職員をして、特別保存地区内の土地に立ち入り、その状況を調査させ、又は同条第一項各号に掲げる行為の実施状況を検査させることができる。

３・４　（略）

第十九条　（略）

（罰則）

第二十条　第八条第六項前段の規定による命令に違反した者は、一年以下の懲役又は十万円以下の罰金に処する。

第二十一条　次の各号の一に該当する者は、六月以下の懲役又は五万円以下の罰金に処する。

一　第八条第一項の規定に違反した者

二　第八条第五項の規定により許可に付せられた条件に違反した者

第二十二条　次の各号の一に該当する者は、一万円以下の罰金に処

為をした者は、一万円以下の罰金に処する。	する。
一　第六条第二項の規定により設置した標識を移動し、汚損し、又は破壊したとき。	一　第六条第二項の規定により設置した標識を移動し、汚損し、又は破壊した者
二　第十九条第一項の規定による報告をせず、又は虚偽の報告をしたとき。	二　第十八条第一項の規定による報告をせず、又は虚偽の報告をした者
三　第十九条第二項の規定による立入調査又は立入検査を拒み、妨げ、又は忌避したとき。	三　第十八条第二項の規定による立入調査又は立入検査を拒み、妨げ、又は忌避した者
（削る）	第二十三条　第七条第一項の規定による届出をせず、又は虚偽の届出をした者は、一万円以下の過料に処する。
第二十四条　法人の代表者又は法人若しくは人の代理人、使用人その他の従業者がその法人又は人の業務又は財産に関して第二十一条から前条までに規定する違反行為をしたときは、行為者を罰するほか、その法人又は人に対して各本条の罰金刑を科する。	第二十四条　法人の代表者又は法人若しくは人の代理人、使用人その他の従業者がその法人又は人の業務又は財産に関して第二十条から第二十二条までに規定する違反行為をしたときは、行為者を罰するほか、その法人又は人に対して各本条の罰金刑を科する。
第二十五条　第七条第一項の規定による届出をせず、又は虚偽の届出をした者は、一万円以下の過料に処する。	（新設）

○都市開発資金の貸付けに関する法律（昭和四十一年法律第二十号）（抄）（第三条関係）

（傍線の部分は改正部分）

改正案	現行
（都市開発資金の貸付け） 第一条　（略） 2・3　（略） 4　国は、土地区画整理事業（土地区画整理法（昭和二十九年法律第百十九号）による土地区画整理事業をいう。以下同じ。）に関し地方公共団体が次に掲げる貸付けを行う場合において、特に必要があると認めるときは、当該地方公共団体に対し、当該貸付けに必要な資金の二分の一以内を貸し付けることができる。 一～四　（略） 五　土地区画整理事業（前各号に規定する土地区画整理事業で、施行地区の面積、公共施設の種類及び規模等が当該各号の政令で定める基準に適合するものに限る。）の施行者（土地区画整理法第二条第三項に規定する施行者をいう。以下この条及び次条第五項において同じ。）が、保留地（同法第九十六条第一項又は第二項の規定により換地として定めない土地をいう。以下この号及び次条第五項において同じ。）の全部又は一部を、国土交通省令で定めるところにより公募して譲渡しようとしたにもかかわらず譲渡することができなかつた場合において、次のいずれかに該当する者が出資している法人で政令で定めるものに取得させるときの当該法人に対する当該保留地の全部又は一部の取得に必要な費用で政令で定める範囲内のものに充てるための無利子の資金の貸付け イ～ハ　（略） 5　国は、地方公共団体に対し、土地区画整理組合が国土交通省令で定める土地区画整理事業の施行の推進を図るための措置を講じ	（都市開発資金の貸付け） 第一条　（略） 2・3　（略） 4　国は、土地区画整理事業（土地区画整理法（昭和二十九年法律第百十九号）による土地区画整理事業をいう。以下同じ。）に関し地方公共団体が次に掲げる貸付けを行う場合において、特に必要があると認めるときは、当該地方公共団体に対し、当該貸付けに必要な資金の二分の一以内を貸し付けることができる。 一～四　（略） 五　土地区画整理事業（前各号に規定する土地区画整理事業で、施行地区の面積、公共施設の種類及び規模等がそれぞれ当該各号の政令で定める基準に適合するものに限る。）の施行者（土地区画整理法第二条第三項に規定する施行者をいう。以下この条及び次条第五項において同じ。）が、保留地（同法第九十六条第一項又は第二項の規定により換地として定めない土地をいう。以下この号及び次条第五項において同じ。）の全部又は一部を、国土交通省令で定めるところにより公募して譲渡しようとしたにもかかわらず譲渡することができなかつた場合において、次のいずれかに該当する者が出資している法人で政令で定めるものに取得させるときの当該法人に対する当該保留地の全部又は一部の取得に必要な費用で政令で定める範囲内のものに充てるための無利子の資金の貸付け イ～ハ　（略） 5　国は、地方公共団体に対し、土地区画整理組合が国土交通省令で定める土地区画整理事業の施行の推進を図るための措置を講じ

たにもかかわらず、その施行する土地区画整理事業を遂行することができないと認められるに至つた場合において、当該地方公共団体が、その施行地区となつている区域について新たに施行者となり、土地区画整理法第百二十八条第二項の規定により当該土地区画整理組合から引き継いで施行することとなつた土地区画整理事業（前項第一号から第四号までに規定する土地区画整理事業で、施行地区の面積、公共施設の種類及び規模等が当該各号の政令で定める基準に適合するものに限る。）に要する費用で政令で定める範囲内のものに充てる資金を貸し付けることができる。

6～8　（略）

9　国は、都市緑地法（昭和四十八年法律第七十二号）第六十九条第一項の規定により指定された都市緑化支援機構に対し、同法第七十条第一号、第二号及び第五号並びに古都における歴史的風土の保存に関する特別措置法（昭和四十一年法律第一号）第十四条第一項第一号及び第二号に掲げる業務に要する資金を貸し付けることができる。

10　（略）

（利率、償還方法等）

第二条　（略）

2　前条第三項から第七項まで、第九項又は第十項の規定による貸付金は、無利子とする。

3～8　（略）

9　前条第六項又は第九項の規定による貸付金の償還期間は、十年（四年以内の据置期間を含む。）以内とし、その償還は、均等半年賦償還の方法によるものとする。

10　前条第七項又は第十項の規定による貸付金の償還期間は、二十年（同条第七項の規定による貸付金にあつては十年以内の、同条第十項の規定による貸付金にあつては五年以内の据置期間を含む

たにもかかわらず、その施行する土地区画整理事業を遂行することができないと認められるに至つた場合において、当該地方公共団体が、その施行地区となつている区域について新たに施行者となり、土地区画整理法第百二十八条第二項の規定により当該土地区画整理組合から引き継いで施行することとなつた土地区画整理事業（前項第一号から第四号までに規定する土地区画整理事業で、施行地区の面積、公共施設の種類及び規模等がそれぞれ当該各号の政令で定める基準に適合するものに限る。）に要する費用で政令で定める範囲内のものに充てる資金を貸し付けることができる。

6～8　（略）

（新設）

9　（略）

（利率、償還方法等）

第二条　（略）

2　前条第三項から第七項まで又は第九項の規定による貸付金は、無利子とする。

3～8　（略）

9　前条第六項の規定による貸付金の償還期間は、十年（四年以内の据置期間を含む。）以内とし、その償還は、均等半年賦償還の方法によるものとする。

10　前条第七項又は第九項の規定による貸付金の償還期間は、二十年（同条第七項の規定による貸付金にあつては十年以内の、同条第九項の規定による貸付金にあつては五年以内の据置期間を含む

。）以内とし、その償還は、均等半年賦償還の方法によるものとする。

11　国は、前条第十項の規定による貸付金で民間都市開発法第四条第一項第一号に掲げる業務に要する資金に係るものについて民間都市機構が当該貸付金を充てて負担した費用の償還方法を勘案し特に必要があると認めるときは、前項の規定にかかわらず、その償還を、一括償還の方法によるものとすることができる。この場合においては、その償還期間は、十年以内とする。

。）以内とし、その償還は、均等半年賦償還の方法によるものとする。

11　国は、前条第九項の規定による貸付金で民間都市開発法第四条第一項第一号に掲げる業務に要する資金に係るものについて民間都市機構が当該貸付金を充てて負担した費用の償還方法を勘案し特に必要があると認めるときは、前項の規定にかかわらず、その償還を、一括償還の方法によるものとすることができる。この場合においては、その償還期間は、十年以内とする。

○都市計画法（昭和四十三年法律第百号）（抄）（第四条関係）

（傍線の部分は改正部分）

改正案	現行
（都市計画基準） 第十三条　都市計画区域について定められる都市計画（区域外都市施設に関するものを含む。次項において同じ。）は、国土形成計画、首都圏整備計画、近畿圏整備計画、中部圏開発整備計画、北海道総合開発計画、沖縄振興計画その他の国土計画又は地方計画に関する法律に基づく計画（当該都市について公害防止計画が定められているときは、当該公害防止計画を含む。第三項において同じ。）及び道路、河川、鉄道、港湾、空港等の施設に関する国の計画に適合するとともに、当該都市の特質及び当該都市における自然的環境の整備又は保全の重要性を考慮して、次に掲げるところに従つて、土地利用、都市施設の整備及び市街地開発事業に関する事項で当該都市の健全な発展と秩序ある整備を図るため必要なものを、一体的かつ総合的に定めなければならない。 一～二十　（略） 2　（略） 3　準都市計画区域について定められる都市計画は、第一項に規定する国土計画若しくは地方計画又は施設に関する国の計画に適合するとともに、地域の特質及び当該地域における自然的環境の整備又は保全の重要性を考慮して、次に掲げるところに従つて、土地利用の整序又は環境の保全を図るため必要な事項を定めなければならない。この場合においては、当該地域における農林漁業の生産条件の整備に配慮しなければならない。 一・二　（略） 4～6　（略）	（都市計画基準） 第十三条　都市計画区域について定められる都市計画（区域外都市施設に関するものを含む。次項において同じ。）は、国土形成計画、首都圏整備計画、近畿圏整備計画、中部圏開発整備計画、北海道総合開発計画、沖縄振興計画その他の国土計画又は地方計画に関する法律に基づく計画（当該都市について公害防止計画が定められているときは、当該公害防止計画を含む。第三項において同じ。）及び道路、河川、鉄道、港湾、空港等の施設に関する国の計画に適合するとともに、当該都市の特質を考慮して、次に掲げるところに従つて、土地利用、都市施設の整備及び市街地開発事業に関する事項で当該都市の健全な発展と秩序ある整備を図るため必要なものを、一体的かつ総合的に定めなければならない。この場合においては、当該都市における自然的環境の整備又は保全に配慮しなければならない。 一～二十　（略） 2　（略） 3　準都市計画区域について定められる都市計画は、第一項に規定する国土計画若しくは地方計画又は施設に関する国の計画に適合するとともに、地域の特質を考慮して、次に掲げるところに従つて、土地利用の整序又は環境の保全を図るため必要な事項を定めなければならない。この場合においては、当該地域における自然的環境の整備又は保全及び農林漁業の生産条件の整備に配慮しなければならない。 一・二　（略） 4～6　（略）

（都市計画の決定等の提案）

第二十一条の二　都市計画区域又は準都市計画区域のうち、一体として整備し、開発し、又は保全すべき土地の区域としてふさわしい政令で定める規模以上の一団の土地の区域について、当該土地の所有権又は建物の所有を目的とする対抗要件を備えた地上権若しくは賃借権（臨時設備その他一時的に使用する施設のため設定されたことが明らかなものを除く。第四項第二号において「借地権」という。）を有する者（同号において「土地所有者等」という。）は、一人で、又は数人共同して、都道府県又は市町村に対し、都市計画（都市計画区域の整備、開発及び保全の方針並びに都市再開発方針等に関するものを除く。次項及び第三項並びに第七十五条の九第一項において同じ。）の決定又は変更をすることを提案することができる。この場合においては、当該提案に係る都市計画の素案を添えなければならない。

2　まちづくりの推進を図る活動を行うことを目的とする特定非営利活動促進法（平成十年法律第七号）第二条第二項の特定非営利活動法人、一般社団法人若しくは一般財団法人その他の営利を目的としない法人、独立行政法人都市再生機構、地方住宅供給公社若しくはまちづくりの推進に関し経験と知識を有するものとして国土交通省令で定める団体又はこれらに準ずるものとして地方公共団体の条例で定める団体は、前項に規定する土地の区域について、都道府県又は市町村に対し、都市計画の決定又は変更をすることを提案することができる。この場合においては、同項後段の規定を準用する。

3　都市緑地法第六十九条第一項の規定により指定された都市緑化支援機構は、第一項に規定する土地の区域について、都道府県又は市町村に対し、都市における緑地の保全及び緑化の推進を図るために必要な都市計画の決定又は変更をすることを提案することができる。この場合においては、同項後段の規定を準用する。

（都市計画の決定等の提案）

第二十一条の二　都市計画区域又は準都市計画区域のうち、一体として整備し、開発し、又は保全すべき土地の区域としてふさわしい政令で定める規模以上の一団の土地の区域について、当該土地の所有権又は建物の所有を目的とする対抗要件を備えた地上権若しくは賃借権（臨時設備その他一時使用のため設定されたことが明らかなものを除く。以下「借地権」という。）を有する者（以下この条において「土地所有者等」という。）は、一人で、又は数人共同して、都道府県又は市町村に対し、都市計画（都市計画区域の整備、開発及び保全の方針並びに都市再開発方針等に関するものを除く。次項及び第七十五条の九第一項において同じ。）の決定又は変更をすることを提案することができる。この場合においては、当該提案に係る都市計画の素案を添えなければならない。

2　まちづくりの推進を図る活動を行うことを目的とする特定非営利活動促進法（平成十年法律第七号）第二条第二項の特定非営利活動法人、一般社団法人若しくは一般財団法人その他の営利を目的としない法人、独立行政法人都市再生機構、地方住宅供給公社若しくはまちづくりの推進に関し経験と知識を有するものとして国土交通省令で定める団体又はこれらに準ずるものとして地方公共団体の条例で定める団体は、前項に規定する土地の区域について、都道府県又は市町村に対し、都市計画の決定又は変更をすることを提案することができる。同項後段の規定は、この場合について準用する。

（新設）

4 前三項の規定による提案（以下「計画提案」という。）は、次に掲げるところに従つて、国土交通省令で定めるところにより行うものとする。

一・二　（略）

（国土交通大臣の定める都市計画）

第二十二条　二以上の都府県の区域にわたる都市計画区域に係る都市計画は、国土交通大臣及び市町村が定めるものとする。この場合においては、第十五条、第十五条の二、第十七条第一項及び第二項、第二十一条第一項、第二十一条の二第一項から第三項まで並びに第二十一条の三中「都道府県」とあり、並びに第十九条第三項から第五項までの規定中「都道府県知事」とあるのは「国土交通大臣」と、第十七条の二中「都道府県又は市町村」とあるのは「市町村」と、第十八条第一項及び第二項中「都道府県は」とあるのは「国土交通大臣は」と、第十九条第四項中「都道府県が」とあるのは「国土交通大臣が」と、第二十条第一項、第二十一条の四及び前条中「都道府県又は」とあるのは「国土交通大臣又は」と、第二十条第一項中「都道府県にあつては関係市町村長」とあるのは「国土交通大臣にあつては関係都府県知事及び関係市町村長」と、「都道府県知事」とあるのは「国土交通大臣及び都府県知事」とする。

2・3　（略）

（都市計画協力団体による都市計画の決定等の提案）

第七十五条の九　（略）

2　第二十一条の二第四項及び第二十一条の三から第二十一条の五までの規定は、前項の規定による提案について準用する。

---

3 前二項の規定による提案（以下「計画提案」という。）は、次に掲げるところに従つて、国土交通省令で定めるところにより行うものとする。

一・二　（略）

（国土交通大臣の定める都市計画）

第二十二条　二以上の都府県の区域にわたる都市計画区域に係る都市計画は、国土交通大臣及び市町村が定めるものとする。この場合においては、第十五条、第十五条の二、第十七条第一項及び第二項、第二十一条第一項、第二十一条の二第一項及び第二項並びに第二十一条の三中「都道府県」とあり、並びに第十九条第三項から第五項までの規定中「都道府県知事」とあるのは「国土交通大臣」と、第十七条の二中「都道府県又は市町村」とあるのは「市町村」と、第十八条第一項及び第二項中「都道府県は」とあるのは「国土交通大臣は」と、第十九条第四項中「都道府県が」とあるのは「国土交通大臣が」と、第二十条第一項、第二十一条の四及び前条中「都道府県又は」とあるのは「国土交通大臣又は」と、第二十条第一項中「都道府県にあつては関係市町村長」とあるのは「国土交通大臣にあつては関係都府県知事及び関係市町村長」と、「都道府県知事」とあるのは「国土交通大臣及び都府県知事」とする。

2・3　（略）

（都市計画協力団体による都市計画の決定等の提案）

第七十五条の九　（略）

2　第二十一条の二第三項及び第二十一条の三から第二十一条の五までの規定は、前項の規定による提案について準用する。

○　都市再生特別措置法（平成十四年法律第二十二号）（抄）（第五条関係）

（傍線の部分は改正部分）

改正案	現行
（滞在快適性等向上公園施設の設置又は管理の許可等）	（滞在快適性等向上公園施設の設置又は管理の許可等）
第六十二条の五　公園施設設置管理協定を締結した一体型事業実施主体等（以下「協定一体型事業実施主体等」という。）は、当該公園施設設置管理協定（変更があったときは、その変更後のもの。以下同じ。）に従って、滞在快適性等向上公園施設の設置又は管理、特定公園施設の建設、公園利便増進施設等の設置及び都市公園の環境の維持向上のための清掃等（第百十九条第七号において「滞在快適性等向上公園施設の設置等」という。）をしなければならない。	第六十二条の五　公園施設設置管理協定を締結した一体型事業実施主体等（以下「協定一体型事業実施主体等」という。）は、当該公園施設設置管理協定（変更があったときは、その変更後のもの。以下同じ。）に従って、滞在快適性等向上公園施設の設置又は管理、特定公園施設の建設、公園利便増進施設等の設置及び都市公園の環境の維持向上のための清掃等（第百十九条第六号において「滞在快適性等向上公園施設の設置等」という。）をしなければならない。
2～4　（略）	2～4　（略）
（民間都市再生整備事業計画の認定）	（民間都市再生整備事業計画の認定）
第六十三条　（略）	第六十三条　（略）
2　（略）	2　（略）
3　第一項の民間事業者は、その施行する都市再生整備事業が都市の脱炭素化（地球温暖化対策の推進に関する法律（平成十年法律第百十七号）第二条の二に規定する脱炭素社会の実現に寄与することを旨として、社会経済活動その他の活動に伴って発生する温室効果ガス（同法第二条第三項に規定する温室効果ガスをいう。第四号において同じ。）の排出の量の削減並びに吸収作用の保全及び強化を行うことをいう。以下同じ。）の促進に資するもの（同号において「脱炭素都市再生整備事業」という。）であると認めるときは、第一項の認定（以下「整備事業計画の認定」という。）の申請に係る民間都市再生整備事業計画に、前項各号に掲げる事項のほか、次に掲げる事項を記載することができる。	（新設）

一　緑地、緑化施設又は緑地等管理効率化設備（緑地又は緑化施設の管理を効率的に行うための設備をいう。以下同じ。）の整備に関する事業の概要及び当該緑地、緑化施設又は緑地等管理効率化設備の管理者又は管理者となるべき者

二　緑地又は緑化施設の管理の方法

三　再生可能エネルギー発電設備（再生可能エネルギー電気の利用の促進に関する特別措置法（平成二十三年法律第百八号）第二条第二項に規定する再生可能エネルギー発電設備をいう。）、エネルギーの効率的利用に資する設備その他の都市の脱炭素化に資するものとして国土交通省令で定める設備（以下「再生可能エネルギー発電設備等」という。）の整備に関する事業の概要及び当該再生可能エネルギー発電設備等の管理者又は管理者となるべき者

四　脱炭素都市再生整備事業の施行に伴う温室効果ガスの排出の量を削減するための措置に関する事項

（民間都市再生整備事業計画の認定基準等）

第六十四条　国土交通大臣は、整備事業計画の認定の申請があった場合において、当該申請に係る民間都市再生整備事業計画が次に掲げる基準に適合すると認めるときは、整備事業計画の認定をすることができる。

一～四　（略）

五　民間都市再生整備事業計画に前条第三項各号に掲げる事項が記載されている場合にあっては、当該民間都市再生整備事業計画に基づき行う緑地、緑化施設又は緑地等管理効率化設備及び再生可能エネルギー発電設備等の整備又は管理の内容並びに同項第四号の措置の内容が、都市の脱炭素化を図るために必要なものとして国土交通省令で定める基準に適合するものであること。

2　国土交通大臣は、整備事業計画の認定をするときは、あらかじ

（民間都市再生整備事業計画の認定基準等）

第六十四条　国土交通大臣は、前条第一項の認定（以下「整備事業計画の認定」という。）の申請があった場合において、当該申請に係る民間都市再生整備事業計画が次に掲げる基準に適合すると認めるときは、整備事業計画の認定をすることができる。

一～四　（略）

（新設）

2　国土交通大臣は、整備事業計画の認定をしようとするときは、

め、関係市町村の意見を聴かなければならない。

3　国土交通大臣は、整備事業計画の認定をするときは、あらかじめ、当該都市再生整備事業の施行により整備される公共施設の管理者又は管理者となるべき者（以下この節において「公共施設の管理者等」という。）の意見を聴かなければならない。

4　都市緑地法（昭和四十八年法律第七十二号）第九十条に規定する認定優良緑地確保計画（同法第八十八条第三項に規定する事項が記載されたものに限る。）に基づき緑地、緑化施設又は緑地等管理効率化設備の整備又は管理をしようとする民間事業者が、前条第三項第一号及び第二号に掲げる事項として当該緑地、緑化施設又は緑地等管理効率化設備の整備又は管理に関する事項を記載した民間都市再生整備事業計画について整備事業計画の認定の申請をした場合における第一項の規定の適用については、当該申請に係る民間都市再生整備事業計画は、同項第五号に掲げる基準（緑地、緑化施設及び緑地等管理効率化設備に係る部分に限る。）に適合しているものとみなす。

（民間都市機構の行う都市再生整備事業支援業務）

第七十一条　民間都市機構は、第二十九条第一項に規定する業務のほか、民間事業者による都市再生整備事業を推進するため、国土交通大臣の承認を受けて、次に掲げる業務を行うことができる。

一　次に掲げる方法により、認定整備事業者の認定整備事業の施行に要する費用の一部（公共施設等その他公益的施設で政令で定めるもの並びに建築物の利用者等に有用な情報の収集、整理、分析及び提供を行うための設備、緑地等管理効率化設備並びに再生可能エネルギー発電設備等で政令で定めるもの（緑地等管理効率化設備及び再生可能エネルギー発電設備等にあっては、認定整備事業計画に第六十三条第三項第一号又は第三号に掲げる事項として記載されているものに限る。）の整備に要する費用の額の範囲内に限る。）について支援すること。

あらかじめ、関係市町村の意見を聴かなければならない。

3　国土交通大臣は、整備事業計画の認定をしようとするときは、あらかじめ、当該都市再生整備事業の施行により整備される公共施設の管理者又は管理者となるべき者（以下この節において「公共施設の管理者等」という。）の意見を聴かなければならない。

（新設）

（民間都市機構の行う都市再生整備事業支援業務）

第七十一条　民間都市機構は、第二十九条第一項に規定する業務のほか、民間事業者による都市再生整備事業を推進するため、国土交通大臣の承認を受けて、次に掲げる業務を行うことができる。

一　次に掲げる方法により、認定整備事業者の認定整備事業の施行に要する費用の一部（公共施設等その他公益的施設で政令で定めるもの並びに建築物の利用者等に有用な情報の収集、整理、分析及び提供を行うための設備で政令で定めるものの整備に要する費用の額の範囲内に限る。）について支援すること。

イ～ホ　（略）

二・三　（略）

2・3　（略）

（民間都市開発法の特例）

第七十一条の二　民間都市開発法第四条第一項第一号に規定する特定民間都市開発事業であって認定整備事業であるものに係る同項の規定の適用については、同号中「同じ。）」とあるのは「同じ。）であつて都市再生特別措置法（平成十四年法律第二十二号）第六十七条に規定する認定整備事業であるもの」と、「という。）」とあるのは「という。）並びに同法第七十一条第一項第一号に規定する緑地等管理効率化設備及び再生可能エネルギー発電設備等」とする。

（低未利用土地利用促進協定の締結等）

第八十条の三　市町村又は都市再生推進法人等（第百十八条第一項の規定により指定された都市再生推進法人、都市緑地法第八十一条第一項の規定により指定された緑地保全・緑化推進法人（第八十条の七第一項に規定する業務を行うものに限る。以下この項において「緑地保全・緑化推進法人」という。）又は景観法第九十二条第一項の規定により指定された景観整備機構（第八十条の八第一項に規定する業務を行うものに限る。以下この項において「景観整備機構」という。）をいう。以下この節において同じ。）は、都市再生整備計画に記載された第四十六条第二十六項に規定する事項に係る居住者等利用施設（緑地保全・緑化推進法人にあっては緑地その他の国土交通省令で定める施設に、景観整備機構にあっては景観計画区域（景観法第八条第二項第一号に規定する景観計画区域をいう。第百十一条第一項において同じ。）内において整備される良好な景観を形成する広場その他の国土交通省令で定める施設に限る。）の整備及び管理を行うため、当該事項に

イ～ホ　（略）

二・三　（略）

2・3　（略）

（新設）

（低未利用土地利用促進協定の締結等）

第八十条の三　市町村又は都市再生推進法人等（第百十八条第一項の規定により指定された都市再生推進法人、都市緑地法（昭和四十八年法律第七十二号）第六十九条第一項の規定により指定された緑地保全・緑化推進法人（第八十条の七第一項に規定する業務を行うものに限る。以下この項において「緑地保全・緑化推進法人」という。）又は景観法第九十二条第一項の規定により指定された景観整備機構（第八十条の八第一項に規定する業務を行うものに限る。以下この項において「景観整備機構」という。）をいう。以下この節において同じ。）は、都市再生整備計画に記載された第四十六条第二十六項に規定する事項に係る居住者等利用施設（緑地保全・緑化推進法人にあっては緑地その他の国土交通省令で定める施設に、景観整備機構にあっては景観計画区域（景観法第八条第二項第一号に規定する景観計画区域をいう。第百十一条第一項において同じ。）内において整備される良好な景観を形成する広場その他の国土交通省令で定める施設に限る。）の整備

係る低未利用土地の所有者又は使用及び収益を目的とする権利（一時使用のため設定されたことが明らかなものを除く。）を有する者（以下「所有者等」という。）と次に掲げる事項を定めた協定（以下「低未利用土地利用促進協定」という。）を締結して、当該居住者等利用施設の整備及び管理を行うことができる。

一～四　（略）

2・3　（略）

4　都市再生推進法人等が低未利用土地利用促進協定を締結するときは、あらかじめ、市町村長の認可を受けなければならない。

（緑地保全・緑化推進法人の業務の特例）

第八十条の七　都市緑地法第八十一条第一項の規定により指定された緑地保全・緑化推進法人（同法第八十二条第一号ロに掲げる業務を行うものに限る。）は、同法第八十二条各号に掲げる業務のほか、次に掲げる業務を行うことができる。

一・二　（略）

2　前項の場合においては、都市緑地法第八十三条中「前条第一号」とあるのは、「前条第一号又は都市再生特別措置法（平成十四年法律第二十二号）第八十条の七第一項第一号」とする。

（立地適正化計画）

第八十一条　（略）

2・3　（略）

4　市町村は、立地適正化計画に当該市町村以外の者が実施する事業等に係る事項を記載するときは、当該事項について、あらかじめ、その者の同意を得なければならない。

5・6　（略）

7　市町村は、立地適正化計画に前項各号に掲げる事項を記載する

及び管理を行うため、当該事項に係る低未利用土地の所有者又は使用及び収益を目的とする権利（一時使用のため設定されたことが明らかなものを除く。）を有する者（以下「所有者等」という。）と次に掲げる事項を定めた協定（以下「低未利用土地利用促進協定」という。）を締結して、当該居住者等利用施設の整備及び管理を行うことができる。

一～四　（略）

2・3　（略）

4　都市再生推進法人等が低未利用土地利用促進協定を締結しようとするときは、あらかじめ、市町村長の認可を受けなければならない。

（緑地保全・緑化推進法人の業務の特例）

第八十条の七　都市緑地法第六十九条第一項の規定により指定された緑地保全・緑化推進法人（同法第七十条第一号ロに掲げる業務を行うものに限る。）は、同法第七十条各号に掲げる業務のほか、次に掲げる業務を行うことができる。

一・二　（略）

2　前項の場合においては、都市緑地法第七十一条中「前条第一号」とあるのは、「前条第一号又は都市再生特別措置法（平成十四年法律第二十二号）第八十条の七第一項第一号」とする。

（立地適正化計画）

第八十一条　（略）

2・3　（略）

4　市町村は、立地適正化計画に当該市町村以外の者が実施する事業等に係る事項を記載しようとするときは、当該事項について、あらかじめ、その者の同意を得なければならない。

5・6　（略）

7　市町村は、立地適正化計画に前項各号に掲げる事項を記載しよ

ときは、当該事項について、あらかじめ、公安委員会に協議しなければならない。

8 市町村は、立地適正化計画に第六項第三号に掲げる事項を記載するときは、当該事項について、あらかじめ、都道府県知事（駐車場法第二十条第一項若しくは第二項又は第二十条の二第一項の規定に基づき条例を定めている都道府県の知事に限る。）に協議しなければならない。

9～16 （略）

17 立地適正化計画は、議会の議決を経て定められた市町村の建設に関する基本構想並びに都市計画法第六条の二の都市計画区域の整備、開発及び保全の方針に即するとともに、同法第十八条の二の市町村の都市計画に関する基本的な方針及び都市緑地法第四条第一項に規定する基本計画との調和が保たれたものでなければならない。

18～21 （略）

22 市町村は、立地適正化計画を作成するときは、あらかじめ、公聴会の開催その他の住民の意見を反映させるために必要な措置を講ずるとともに、市町村都市計画審議会（当該市町村に市町村都市計画審議会が置かれていないときは、都道府県都市計画審議会。第八十四条において同じ。）の意見を聴かなければならない。

23・24 （略）

（跡地等管理等協定の締結等）

第百十一条 市町村又は都市再生推進法人等（第百十八条第一項の規定により指定された都市再生推進法人、都市緑地法第八十一条第一項の規定により指定された緑地保全・緑化推進法人（第百十五条第一項に規定する業務を行うものに限る。以下この項において「緑地保全・緑化推進法人」という。）又は景観法第九十二条第一項の規定により指定された景観整備機構（第百十六条第一項

うとするときは、当該事項について、あらかじめ、公安委員会に協議しなければならない。

8 市町村は、立地適正化計画に第六項第三号に掲げる事項を記載しようとするときは、当該事項について、あらかじめ、都道府県知事（駐車場法第二十条第一項若しくは第二項又は第二十条の二第一項の規定に基づき条例を定めている都道府県の知事に限る。）に協議しなければならない。

9～16 （略）

17 立地適正化計画は、議会の議決を経て定められた市町村の建設に関する基本構想並びに都市計画法第六条の二の都市計画区域の整備、開発及び保全の方針に即するとともに、同法第十八条の二の市町村の都市計画に関する基本的な方針との調和が保たれたものでなければならない。

18～21 （略）

22 市町村は、立地適正化計画を作成しようとするときは、あらかじめ、公聴会の開催その他の住民の意見を反映させるために必要な措置を講ずるとともに、市町村都市計画審議会（当該市町村に市町村都市計画審議会が置かれていないときは、都道府県都市計画審議会。第八十四条において同じ。）の意見を聴かなければならない。

23・24 （略）

（跡地等管理等協定の締結等）

第百十一条 市町村又は都市再生推進法人等（第百十八条第一項の規定により指定された都市再生推進法人、都市緑地法第六十九条第一項の規定により指定された緑地保全・緑化推進法人（第百十五条第一項に規定する業務を行うものに限る。以下この項において「緑地保全・緑化推進法人」という。）又は景観法第九十二条第一項の規定により指定された景観整備機構（第百十六条第一項

に規定する業務を行うものに限る。以下この項において「景観整備機構」という。）をいう。以下同じ。）は、立地適正化計画に記載された跡地等管理等区域内の跡地等（緑地保全・緑化推進法人にあっては都市緑地法第三条第一項に規定する緑地であるものに、景観整備機構にあっては景観計画区域内にあるものに限る。）を適正に管理し、又は跡地（緑地保全・緑化推進法人にあっては都市緑地法第三条第一項に規定する緑地であるものに、景観整備機構にあっては景観計画区域内にあるものに限る。）における緑地等の整備等をするため、当該跡地等の所有者等と次に掲げる事項を定めた協定（以下「跡地等管理等協定」という。）を締結して、当該跡地等に係る跡地等の管理等を行うことができる。

一〜五　（略）

2・3　（略）

4　都市再生推進法人等が跡地等管理等協定を締結するときは、あらかじめ、市町村長の認可を受けなければならない。

（緑地保全・緑化推進法人の業務の特例）

第百十五条　都市緑地法第八十一条第一項の規定により指定された緑地保全・緑化推進法人（同法第八十二条第一号イに掲げる業務を行うものに限る。）は、同法第八十二条各号に掲げる業務のほか、次に掲げる業務を行うことができる。

一・二　（略）

2　前項の場合においては、都市緑地法第八十三条中「前条第一号」とあるのは、「前条第一号又は都市再生特別措置法第百十五条第一項第一号」とする。

（推進法人の業務）

第百十九条　推進法人は、次に掲げる業務を行うものとする。

一〜五　（略）

六　第四十六条第一項の土地の区域における緑地等管理効率化設

に規定する業務を行うものに限る。以下この項において「景観整備機構」という。）をいう。以下同じ。）は、立地適正化計画に記載された跡地等管理等区域内の跡地等（緑地保全・緑化推進法人にあっては都市緑地法第三条第一項に規定する緑地であるものに、景観整備機構にあっては景観計画区域内にあるものに限る。）を適正に管理し、又は跡地（緑地保全・緑化推進法人にあっては都市緑地法第三条第一項に規定する緑地であるものに、景観整備機構にあっては景観計画区域内にあるものに限る。）における緑地等の整備等をするため、当該跡地等の所有者等と次に掲げる事項を定めた協定（以下「跡地等管理等協定」という。）を締結して、当該跡地等に係る跡地等の管理等を行うことができる。

一〜五　（略）

2・3　（略）

4　都市再生推進法人等が跡地等管理等協定を締結しようとするときは、あらかじめ、市町村長の認可を受けなければならない。

（緑地保全・緑化推進法人の業務の特例）

第百十五条　都市緑地法第六十九条第一項の規定により指定された緑地保全・緑化推進法人（同法第七十条第一号イに掲げる業務を行うものに限る。）は、同法第七十条各号に掲げる業務のほか、次に掲げる業務を行うことができる。

一・二　（略）

2　前項の場合においては、都市緑地法第七十一条中「前条第一号」とあるのは、「前条第一号又は都市再生特別措置法第百十五条第一項第一号」とする。

（推進法人の業務）

第百十九条　推進法人は、次に掲げる業務を行うものとする。

一〜五　（略）

（新設）

備又は再生可能エネルギー発電設備等の所有者（所有者が二人以上いる場合にあっては、その全員）との契約に基づき、これらの設備の管理を行うこと。 七～十　（略） 十一　第四十六条第一項の土地の区域又は立地適正化計画に記載された居住誘導区域若しくは都市機能誘導区域の魅力及び活力の向上に資する次に掲げる活動を行うこと（第三号から第九号までに該当するものを除く。）。 イ・ロ　（略） 十二～十六　（略）	六～九　（略） 十　第四十六条第一項の土地の区域又は立地適正化計画に記載された居住誘導区域若しくは都市機能誘導区域の魅力及び活力の向上に資する次に掲げる活動を行うこと（第三号から第八号までに該当するものを除く。）。 イ・ロ　（略） 十一～十五　（略）

○　地方交付税法（昭和二十五年法律第二百十一号）（抄）（附則第五条関係）

（傍線の部分は改正部分）

改正案	現行
（地方税の課税免除等に伴う基準財政収入額の算定方法の特例） 第十四条の二　地方税法第六条の規定により、市町村が次の各号に掲げる土地若しくは家屋に対する固定資産税を課さなかつた場合又は当該固定資産税に係る不均一の課税をした場合において、その措置が政令で定める場合に該当するものと認められるときは、前条の規定による当該市町村の各年度における基準財政収入額は、同条の規定にかかわらず、当該市町村の当該各年度の減収額のうち総務省令で定めるところにより算定した額を同条の規定による当該市町村の当該各年度（その措置が総務省令で定める日以後において行なわれたときは、当該減収額について当該各年度の翌年度）における基準財政収入額となるべき額から控除した額とする。 一　（略） 二　古都における歴史的風土の保存に関する特別措置法（昭和四十一年法律第一号）第六条第一項の規定により指定を受けた特別保存地区（同法第八条の規定により、特別保存地区として同法の規定が適用される地区を含む。）の区域内における家屋又は土地	（地方税の課税免除等に伴う基準財政収入額の算定方法の特例） 第十四条の二　地方税法第六条の規定により、市町村が次の各号に掲げる土地若しくは家屋に対する固定資産税を課さなかつた場合又は当該固定資産税に係る不均一の課税をした場合において、その措置が政令で定める場合に該当するものと認められるときは、前条の規定による当該市町村の各年度における基準財政収入額は、同条の規定にかかわらず、当該市町村の当該各年度の減収額のうち総務省令で定めるところにより算定した額を同条の規定による当該市町村の当該各年度（その措置が総務省令で定める日以後において行なわれたときは、当該減収額について当該各年度の翌年度）における基準財政収入額となるべき額から控除した額とする。 一　（略） 二　古都における歴史的風土の保存に関する特別措置法（昭和四十一年法律第一号）第六条第一項の規定により指定を受けた特別保存地区（同法第七条の二の規定により、特別保存地区として同法の規定が適用される地区を含む。）の区域内における家屋又は土地

○ 農地法（昭和二十七年法律第二百二十九号）（抄）（附則第六条関係）

（傍線の部分は改正部分）

改正案	現行
（農地又は採草放牧地の権利移動の制限） 第三条　農地又は採草放牧地について所有権を移転し、又は地上権、永小作権、質権、使用貸借による権利、賃借権若しくはその他の使用及び収益を目的とする権利を設定し、若しくは移転する場合には、政令で定めるところにより、当事者が農業委員会の許可を受けなければならない。ただし、次の各号のいずれかに該当する場合及び第五条第一項本文に規定する場合は、この限りでない。 一～十四の三　（略） 十五　地方自治法（昭和二十二年法律第六十七号）第二百五十二条の十九第一項の指定都市（以下単に「指定都市」という。）が古都における歴史的風土の保存に関する特別措置法（昭和四十一年法律第一号）第二十条の規定に基づいてする同法第十二条第一項の規定による買入れによつて所有権を取得する場合 十六　（略） 2～6　（略）	（農地又は採草放牧地の権利移動の制限） 第三条　農地又は採草放牧地について所有権を移転し、又は地上権、永小作権、質権、使用貸借による権利、賃借権若しくはその他の使用及び収益を目的とする権利を設定し、若しくは移転する場合には、政令で定めるところにより、当事者が農業委員会の許可を受けなければならない。ただし、次の各号のいずれかに該当する場合及び第五条第一項本文に規定する場合は、この限りでない。 一～十四の三　（略） 十五　地方自治法（昭和二十二年法律第六十七号）第二百五十二条の十九第一項の指定都市（以下単に「指定都市」という。）が古都における歴史的風土の保存に関する特別措置法（昭和四十一年法律第一号）第十九条の規定に基づいてする同法第十一条第一項の規定による買入れによつて所有権を取得する場合 十六　（略） 2～6　（略）

○　都市公園法（昭和三十一年法律第七十九号）（抄）（附則第七条関係）

（傍線の部分は改正部分）

改正案	現行
（都市公園の設置基準）	（都市公園の設置基準）
第三条　（略）	第三条　（略）
2　都道府県は、都市緑地法（昭和四十八年法律第七十二号）第三条の三第一項に規定する広域計画（次条第二項において「広域計画」という。）を定めている場合においては、前項に定めるもののほか、当該広域計画に即して都市公園を設置するよう努めるものとする。	（新設）
3　市町村は、都市緑地法第四条第一項に規定する基本計画（次条第三項において「基本計画」という。）を定めている場合においては、第一項に定めるもののほか、当該基本計画に即して都市公園を設置するよう努めるものとする。	2　都市緑地法（昭和四十八年法律第七十二号）第四条第一項に規定する基本計画（次条第二項において単に「基本計画」という。）（地方公共団体の設置に係る都市公園の整備の方針が定められているものに限る。）が定められた市町村の区域内において地方公共団体が都市公園を設置する場合においては、当該都市公園の設置は、前項に定めるもののほか、当該基本計画に即して行うよう努めるものとする。
4　（略）	3　（略）
（都市公園の管理基準）	（都市公園の管理基準）
第三条の二　（略）	第三条の二　（略）
2　都道府県は、広域計画を定めている場合においては、前項に定めるもののほか、当該広域計画に即して都市公園を管理するよう努めるものとする。	（新設）
3　市町村は、基本計画を定めている場合においては、第一項に定めるもののほか、当該基本計画に即して都市公園を管理するよう努めるものとする。	2　基本計画（地方公共団体の設置に係る都市公園の管理の方針が定められているものに限る。）が定められた市町村の区域内において地方公共団体が都市公園を管理する場合においては、当該都市公園の管理は、前項に定めるもののほか、当該基本計画に即して行うよう努めるものとする。

○首都圏近郊緑地保全法（昭和四十一年法律第百一号）（抄）（附則第八条関係）

（傍線の部分は改正部分）

改正案	現行
（管理協定の締結等）	（管理協定の締結等）
第八条　地方公共団体又は都市緑地法（昭和四十八年法律第七十二号）第八十一条第一項の規定により指定された緑地保全・緑化推進法人（第十六条第一項第一号に掲げる業務を行うものに限る。）は、保全区域内の近郊緑地の保全のため必要があると認めるときは、当該保全区域内の土地又は木竹の所有者又は使用及び収益を目的とする権利（臨時設備その他一時使用のため設定されたことが明らかなものを除く。）を有する者（以下「土地の所有者等」と総称する。）と次に掲げる事項を定めた協定（以下「管理協定」という。）を締結して、当該土地の区域内の近郊緑地の管理を行うことができる。	第八条　地方公共団体又は都市緑地法（昭和四十八年法律第七十二号）第六十九条第一項の規定により指定された緑地保全・緑化推進法人（第十六条第一項第一号に掲げる業務を行うものに限る。）は、保全区域内の近郊緑地の保全のため必要があると認めるときは、当該保全区域内の土地又は木竹の所有者又は使用及び収益を目的とする権利（臨時設備その他一時使用のため設定されたことが明らかなものを除く。）を有する者（以下「土地の所有者等」と総称する。）と次に掲げる事項を定めた協定（以下「管理協定」という。）を締結して、当該土地の区域内の近郊緑地の管理を行うことができる。
一～五　（略）	一～五　（略）
2・3　（略）	2・3　（略）
4　地方公共団体は、管理協定に第一項第三号に掲げる事項を定める場合においては、当該事項を、あらかじめ、都県知事（当該土地が地方自治法（昭和二十二年法律第六十七号）第二百五十二条の十九第一項の指定都市（以下「指定都市」という。）の区域内に存する場合にあつては、当該指定都市の長。次項において準用する前条第二項及び第六項において同じ。）に届け出なければならない。ただし、都県が当該都県の区域（指定都市の区域を除く。）内の土地について、又は指定都市が当該指定都市の区域内の土地について管理協定を締結する場合は、この限りでない。	4　地方公共団体は、管理協定に第一項第三号に掲げる事項を定めようとする場合においては、当該事項を、あらかじめ、都県知事（当該土地が地方自治法（昭和二十二年法律第六十七号）第二百五十二条の十九第一項の指定都市（以下「指定都市」という。）の区域内に存する場合にあつては、当該指定都市の長。次項において準用する前条第二項及び第六項において同じ。）に届け出なければならない。ただし、都県が当該都県の区域（指定都市の区域を除く。）内の土地について、又は指定都市が当該指定都市の区域内の土地について管理協定を締結する場合は、この限りでない。
5　（略）	5　（略）
6　第一項の緑地保全・緑化推進法人は、管理協定に同項第三号に	6　第一項の緑地保全・緑化推進法人は、管理協定に同項第三号に

掲げる事項を定める場合においては、当該事項について、あらかじめ、都県知事と協議しなければならない。

7　第一項の緑地保全・緑化推進法人が管理協定を締結するときは、あらかじめ、市町村長の認可を受けなければならない。

（管理協定に係る都市の美観風致を維持するための樹木の保存に関する法律の特例）

第十四条　第八条第一項の緑地保全・緑化推進法人が管理協定に基づき管理する樹木又は樹木の集団で都市の美観風致を維持するための樹木の保存に関する法律（昭和三十七年法律第百四十二号）第二条第一項の規定に基づき保存樹又は保存樹林として指定されたものについての同法の規定の適用については、同法第五条第一項中「所有者」とあるのは「所有者及び緑地保全・緑化推進法人（都市緑地法（昭和四十八年法律第七十二号）第八十一条第一項の規定により指定された緑地保全・緑化推進法人をいう。以下同じ。）」と、同法第六条第二項及び第八条中「所有者」とあるのは「緑地保全・緑化推進法人」と、同法第九条中「所有者」とあるのは「所有者又は緑地保全・緑化推進法人」とする。

（都市緑地法の特例）

第十五条　（削る）

保全区域内の緑地保全地域並びに当該地域内における都市緑地法第二十四条第一項の管理協定及び同法第五十五条第一項の市民緑地についての同法の規定の適用については、同法第六条第一項中「市の」とあるのは「地方自治法（昭和二十二年法律第六十七号）第二百五十二条の十九第一項の指定都市（以下「指定都市」

掲げる事項を定めようとする場合においては、当該事項について、あらかじめ、都県知事と協議しなければならない。

7　第一項の緑地保全・緑化推進法人が管理協定を締結しようとするときは、あらかじめ、市町村長の認可を受けなければならない。

（管理協定に係る都市の美観風致を維持するための樹木の保存に関する法律の特例）

第十四条　第八条第一項の緑地保全・緑化推進法人が管理協定に基づき管理する樹木又は樹木の集団で都市の美観風致を維持するための樹木の保存に関する法律（昭和三十七年法律第百四十二号）第二条第一項の規定に基づき保存樹又は保存樹林として指定されたものについての同法の規定の適用については、同法第五条第一項中「所有者」とあるのは「所有者及び緑地保全・緑化推進法人（都市緑地法（昭和四十八年法律第七十二号）第六十九条第一項の規定により指定された緑地保全・緑化推進法人をいう。以下同じ。）」と、同法第六条第二項及び第八条中「所有者」とあるのは「緑地保全・緑化推進法人」と、同法第九条中「所有者」とあるのは「所有者又は緑地保全・緑化推進法人」とする。

（都市緑地法の特例）

第十五条　保全区域内の緑地保全地域について定められる緑地保全計画（都市緑地法第六条第一項の規定による緑地保全計画をいう。以下同じ。）は、近郊緑地保全計画に適合したものでなければならない。

2　前項に定めるもののほか、保全区域内の緑地保全地域並びに当該地域内における都市緑地法第二十四条第一項の管理協定及び同法第五十五条第一項の市民緑地についての同法の規定の適用については、同法第六条第一項中「市の」とあるのは「地方自治法（昭和二十二年法律第六十七号）第二百五十二条の十九第一項の指

という。）の」と、「市。」とあるのは「指定都市。」と、同項及び同条第二項中「関係町村」とあるのは「関係市町村」と、同項中「市にあつては市町村都市計画審議会（当該市に市町村都市計画審議会が置かれていないときは、当該市の存する都道府県の都道府県都市計画審議会）」とあるのは「指定都市にあつては市町村都市計画審議会」と、同法第七条第五項及び第二十四条第四項ただし書中「市」とあるのは「指定都市」と、同法第五十五条第八項第二号中「市の」とあるのは「指定都市の」と、「市が」とあるのは「指定都市が」とする。

第十六条　都市緑地法第八十一条第一項の規定により指定された緑地保全・緑化推進法人（同法第八十二条第一号イに掲げる業務を行うものに限る。）は、同法第八十二条各号に掲げる業務のほか、次に掲げる業務を行うことができる。

一・二　（略）

2　前項の場合においては、都市緑地法第八十三条中「前条第一号」とあるのは、「前条第一号又は首都圏保全法第十六条第一項第一号」とする。

（費用の負担及び補助）

第十七条　（略）

2　国は、都県又は市が行う都市緑地法第十六条において読み替えて準用する同法第十条第一項の規定による損失の補償及び同法第十七条第一項の規定による土地の買入れ又は同法第十七条の二第五項の規定による負担並びに都県又は町村が行う同法第十七条第三項の規定による土地の買入れに要する費用のうち、近郊緑地特別保全地区に係るものについては、政令で定めるところにより、その一部を補助する。

定都市（以下「指定都市」という。）の」と、「市。」とあるのは「指定都市。」と、同条第五項及び第六項中「関係町村」とあるのは「関係市町村」と、同条第五項中「市にあつては市町村都市計画審議会（当該市に市町村都市計画審議会が置かれていないときは、当該市の存する都道府県の都道府県都市計画審議会）」とあるのは「指定都市にあつては市町村都市計画審議会」と、同法第七条第五項及び第二十四条第四項ただし書中「市」とあるのは「指定都市」と、同法第五十五条第八項第二号中「市の」とあるのは「指定都市の」と、「市が」とあるのは「指定都市が」とする。

第十六条　都市緑地法第六十九条第一項の規定により指定された緑地保全・緑化推進法人（同法第七十条第一号イに掲げる業務を行うものに限る。）は、同法第七十条各号に掲げる業務のほか、次に掲げる業務を行うことができる。

一・二　（略）

2　前項の場合においては、都市緑地法第七十一条中「前条第一号」とあるのは、「前条第一号又は首都圏保全法第十六条第一項第一号」とする。

（費用の負担及び補助）

第十七条　（略）

2　国は、都県又は市が行う都市緑地法第十六条において読み替えて準用する同法第十条第一項の規定による損失の補償及び同法第十七条第一項の規定による土地の買入れ並びに都県又は町村が行う同条第三項の規定による土地の買入れに要する費用のうち、近郊緑地特別保全地区に係るものについては、政令で定めるところにより、その一部を補助する。

○ 登録免許税法（昭和四十二年法律第三十五号）（抄）（附則第九条関係）

（傍線の部分は改正部分）

改正案

別表第一 課税範囲、課税標準及び税率の表（第二条、第五条、第九条、第十条、第十三条、第十五条―第十七条、第十七条の三―第十九条、第二十三条、第二十四条、第三十四条―第三十四条の五関係）

登記、登録、特許、免許、許可、認可、認定、指定又は技能証明の事項	課税標準	税率
一～百五十五の二 （略）		
百五十五の三 優良緑地確保計画の認定手続に係る登録調査機関の登録		
都市緑地法（昭和四十八年法律第七十二号）第九十五条第一項（登録調査機関の登録）の登録（更新の登録を除く。）	登録件数	一件につき九万円
百五十六～百六十 （略）		

現行

別表第一 課税範囲、課税標準及び税率の表（第二条、第五条、第九条、第十条、第十三条、第十五条―第十七条、第十七条の三―第十九条、第二十三条、第二十四条、第三十四条―第三十四条の五関係）

登記、登録、特許、免許、許可、認可、認定、指定又は技能証明の事項	課税標準	税率
一～百五十五の二 （略）		
（新設）		
百五十六～百六十 （略）		

○　近畿圏の保全区域の整備に関する法律（昭和四十二年法律第百三号）（抄）（附則第十条関係）

（傍線の部分は改正部分）

改正案	現行
（管理協定の締結等） 第九条　地方公共団体又は都市緑地法（昭和四十八年法律第七十二号）第八十一条第一項の規定により指定された緑地保全・緑化推進法人（第十七条第一項第一号に掲げる業務を行うものに限る。）は、近郊緑地保全区域内の近郊緑地の保全のため必要があると認めるときは、当該近郊緑地保全区域内の土地又は木竹の所有者又は使用及び収益を目的とする権利（臨時設備その他一時使用のため設定されたことが明らかなものを除く。）を有する者（以下「土地の所有者等」と総称する。）と次に掲げる事項を定めた協定（以下「管理協定」という。）を締結して、当該土地の区域内の近郊緑地の管理を行うことができる。 一～五　（略） 2・3　（略） 4　地方公共団体は、管理協定に第一項第三号に掲げる事項を定める場合においては、当該事項を、あらかじめ、府県知事（当該土地が地方自治法（昭和二十二年法律第六十七号）第二百五十二条の十九第一項の指定都市（以下「指定都市」という。）の区域内に存する場合にあつては、当該指定都市の長。次項において準用する前条第二項及び第六項において同じ。）に届け出なければならない。ただし、府県が当該府県の区域（指定都市の区域を除く。）内の土地について、又は指定都市が当該指定都市の区域内の土地について管理協定を締結する場合は、この限りでない。 5　（略） 6　第一項の緑地保全・緑化推進法人は、管理協定に同項第三号に	（管理協定の締結等） 第九条　地方公共団体又は都市緑地法（昭和四十八年法律第七十二号）第六十九条第一項の規定により指定された緑地保全・緑化推進法人（第十七条第一項第一号に掲げる業務を行うものに限る。）は、近郊緑地保全区域内の近郊緑地の保全のため必要があると認めるときは、当該近郊緑地保全区域内の土地又は木竹の所有者又は使用及び収益を目的とする権利（臨時設備その他一時使用のため設定されたことが明らかなものを除く。）を有する者（以下「土地の所有者等」と総称する。）と次に掲げる事項を定めた協定（以下「管理協定」という。）を締結して、当該土地の区域内の近郊緑地の管理を行うことができる。 一～五　（略） 2・3　（略） 4　地方公共団体は、管理協定に第一項第三号に掲げる事項を定めようとする場合においては、当該事項を、あらかじめ、府県知事（当該土地が地方自治法（昭和二十二年法律第六十七号）第二百五十二条の十九第一項の指定都市（以下「指定都市」という。）の区域内に存する場合にあつては、当該指定都市の長。次項において準用する前条第二項及び第六項において同じ。）に届け出なければならない。ただし、府県が当該府県の区域（指定都市の区域を除く。）内の土地について、又は指定都市が当該指定都市の区域内の土地について管理協定を締結する場合は、この限りでない。 5　（略） 6　第一項の緑地保全・緑化推進法人は、管理協定に同項第三号に

掲げる事項を定める場合においては、当該事項について、あらかじめ、府県知事と協議しなければならない。

7　第一項の緑地保全・緑化推進法人が管理協定を締結するときは、あらかじめ、市町村長の認可を受けなければならない。

（管理協定に係る都市の美観風致を維持するための樹木の保存に関する法律の特例）

第十五条　第九条第一項の緑地保全・緑化推進法人が管理協定に基づき管理する樹木又は樹木の集団で都市の美観風致を維持するための樹木の保存に関する法律（昭和三十七年法律第百四十二号）第二条第一項の規定に基づき保存樹又は保存樹林として指定されたものについての同法の規定の適用については、同法第五条第一項中「所有者」とあるのは「所有者及び緑地保全・緑化推進法人（都市緑地法（昭和四十八年法律第七十二号）第八十一条第一項の規定により指定された緑地保全・緑化推進法人をいう。以下同じ。）」と、同法第六条第二項及び第八条中「所有者」とあるのは「緑地保全・緑化推進法人」と、同法第九条中「所有者」とあるのは「所有者又は緑地保全・緑化推進法人」とする。

（都市緑地法の特例）

第十六条　（削る）

近郊緑地保全区域内の緑地保全地域並びに当該地域内における都市緑地法第二十四条第一項の管理協定及び同法第五十五条第一項の市民緑地についての同法の規定の適用については、同法第六条第一項中「市の」とあるのは「地方自治法（昭和二十二年法律第六十七号）第二百五十二条の十九第一項の指定都市（以下「指

掲げる事項を定めようとする場合においては、当該事項について、あらかじめ、府県知事と協議しなければならない。

7　第一項の緑地保全・緑化推進法人が管理協定を締結しようとするときは、あらかじめ、市町村長の認可を受けなければならない。

（管理協定に係る都市の美観風致を維持するための樹木の保存に関する法律の特例）

第十五条　第九条第一項の緑地保全・緑化推進法人が管理協定に基づき管理する樹木又は樹木の集団で都市の美観風致を維持するための樹木の保存に関する法律（昭和三十七年法律第百四十二号）第二条第一項の規定に基づき保存樹又は保存樹林として指定されたものについての同法の規定の適用については、同法第五条第一項中「所有者」とあるのは「所有者及び緑地保全・緑化推進法人（都市緑地法（昭和四十八年法律第七十二号）第六十九条第一項の規定により指定された緑地保全・緑化推進法人をいう。以下同じ。）」と、同法第六条第二項及び第八条中「所有者」とあるのは「緑地保全・緑化推進法人」と、同法第九条中「所有者」とあるのは「所有者又は緑地保全・緑化推進法人」とする。

（都市緑地法の特例）

第十六条　近郊緑地保全区域内の緑地保全地域について定められる緑地保全計画（都市緑地法第六条第一項の規定による緑地保全計画をいう。以下同じ。）は、保全区域整備計画に適合したものでなければならない。

2　前項に定めるもののほか、近郊緑地保全区域内の緑地保全地域並びに当該地域内における都市緑地法第二十四条第一項の管理協定及び同法第五十五条第一項の市民緑地についての同法の規定の適用については、同法第六条第一項中「市の」とあるのは「地方自治法（昭和二十二年法律第六十七号）第二百五十二条の十九第

定都市」という。）の」と、「市。」とあるのは「指定都市。」と、同項及び同条第二項中「関係町村」とあるのは「関係市町村」と、同項中「市にあつては市町村都市計画審議会（当該市に市町村都市計画審議会が置かれていないときは、当該市の存する都道府県の都道府県都市計画審議会）」とあるのは「指定都市にあつては市町村都市計画審議会」と、同法第七条第五項及び第二十四条第四項ただし書中「市」とあるのは「指定都市」と、同法第五十五条第八項第二号中「市の」とあるのは「指定都市の」と、「市が」とあるのは「指定都市が」とする。

第十七条　都市緑地法第八十一条第一項の規定により指定された緑地保全・緑化推進法人（同法第八十二条第一号イに掲げる業務を行うものに限る。）は、同法第八十二条各号に掲げる業務のほか、次に掲げる業務を行うことができる。

一・二　（略）

2　前項の場合においては、都市緑地法第八十三条中「前条第一号」とあるのは、「前条第一号又は近畿圏保全法第十七条第一項第一号」とする。

（費用の負担及び補助）

第十八条　（略）

2　国は、府県又は市が行う都市緑地法第十六条において読み替えて準用する同法第十条第一項の規定による損失の補償及び同法第十七条第一項の規定による土地の買入れ又は同法第十七条の二第五項の規定による負担並びに府県又は町村が行う同法第十七条第三項の規定による土地の買入れに要する費用のうち、近郊緑地特別保全地区に係るものについては、政令で定めるところにより、その一部を補助する。

一項の指定都市（以下「指定都市」という。）の」と、「市。」とあるのは「指定都市。」と、同条第五項及び第六項中「関係町村」とあるのは「関係市町村」と、同条第五項中「市にあつては市町村都市計画審議会（当該市に市町村都市計画審議会が置かれていないときは、当該市の存する都道府県の都道府県都市計画審議会）」とあるのは「指定都市にあつては市町村都市計画審議会」と、同法第七条第五項及び第二十四条第四項ただし書中「市」とあるのは「指定都市」と、同法第五十五条第八項第二号中「市の」とあるのは「指定都市の」と、「市が」とあるのは「指定都市が」とする。

第十七条　都市緑地法第六十九条第一項の規定により指定された緑地保全・緑化推進法人（同法第七十条第一号イに掲げる業務を行うものに限る。）は、同法第七十条各号に掲げる業務のほか、次に掲げる業務を行うことができる。

一・二　（略）

2　前項の場合においては、都市緑地法第七十一条中「前条第一号」とあるのは、「前条第一号又は近畿圏保全法第十七条第一項第一号」とする。

（費用の負担及び補助）

第十八条　（略）

2　国は、府県又は市が行う都市緑地法第十六条において読み替えて準用する同法第十条第一項の規定による損失の補償及び同法第十七条第一項の規定による土地の買入れ並びに府県又は町村が行う同条第三項の規定による土地の買入れに要する費用のうち、近郊緑地特別保全地区に係るものについては、政令で定めるところにより、その一部を補助する。

○　生産緑地法（昭和四十九年法律第六十八号）（抄）（附則第十一条関係）

（傍線の部分は改正部分）

改正案	現行
（生産緑地地区に関する都市計画） 第三条　（略） 2～5　（略） 6　生産緑地地区に関する都市計画は、都市緑地法（昭和四十八年法律第七十二号）第四条第一項に規定する基本計画（同条第二項第七号に掲げる事項が定められているものに限る。）が定められている場合においては、当該基本計画に即して定めなければならない。	（生産緑地地区に関する都市計画） 第三条　（略） 2～5　（略） 6　生産緑地地区に関する都市計画は、都市緑地法（昭和四十八年法律第七十二号）第四条第一項に規定する基本計画（同条第二項第五号に掲げる事項が定められているものに限る。）が定められている場合においては、当該基本計画に即して定めなければならない。

○明日香村における歴史的風土の保存及び生活環境の整備等に関する特別措置法（昭和五十五年法律第六十号）（抄）（附則第十二条関係）

（傍線の部分は改正部分）

改正案	現行
（明日香村歴史的風土保存計画） 第二条　（略） 2　明日香村歴史的風土保存計画に定める事項は、次のとおりとする。 一～四　（略） 五　古都保存法第十二条第一項の規定による土地の買入れに関する事項 六　（略） 3・4　（略） （第一種歴史的風土保存地区及び第二種歴史的風土保存地区に関する都市計画） 第三条　（略） 2　（略） 3　第一種歴史的風土保存地区及び第二種歴史的風土保存地区は、それぞれ古都保存法第八条後段の特別保存地区とする。	（明日香村歴史的風土保存計画） 第二条　（略） 2　明日香村歴史的風土保存計画に定める事項は、次のとおりとする。 一～四　（略） 五　古都保存法第十一条第一項の規定による土地の買入れに関する事項 六　（略） 3・4　（略） （第一種歴史的風土保存地区及び第二種歴史的風土保存地区に関する都市計画） 第三条　（略） 2　（略） 3　第一種歴史的風土保存地区及び第二種歴史的風土保存地区は、それぞれ古都保存法第七条の二後段の特別保存地区とする。

○　民間都市開発の推進に関する特別措置法（昭和六十二年法律第六十二号）（抄）（附則第十三条関係）

（傍線の部分は改正部分）

改正案	現行
（資金の貸付け） 第五条　政府は、機構に対し、都市開発資金の貸付けに関する法律（昭和四十一年法律第二十号）第一条第十項の規定によるもののほか、前条第一項第一号及び第二号に掲げる業務に要する資金のうち、政令で定める道路又は港湾施設の整備に関する費用に充てるべきものの一部を無利子で貸し付けることができる。 ２　（略）	（資金の貸付け） 第五条　政府は、機構に対し、都市開発資金の貸付けに関する法律（昭和四十一年法律第二十号）第一条第九項の規定によるもののほか、前条第一項第一号及び第二号に掲げる業務に要する資金のうち、政令で定める道路又は港湾施設の整備に関する費用に充てるべきものの一部を無利子で貸し付けることができる。 ２　（略）

○　独立行政法人国立文化財機構法（平成十一年法律第百七十八号）（抄）（附則第十四条関係）

（傍線の部分は改正部分）

改正案	現行
（他の法律の適用の特例） 第十六条　（略） 2　機構は、古都における歴史的風土の保存に関する特別措置法（昭和四十一年法律第一号）第七条第三項及び第九条第八項の規定の適用については、国の機関とみなす。	（他の法律の適用の特例） 第十六条　（略） 2　機構は、古都における歴史的風土の保存に関する特別措置法（昭和四十一年法律第一号）第七条第三項及び第八条第八項の規定の適用については、国の機関とみなす。

○　独立行政法人都市再生機構法（平成十五年法律第百号）（抄）（附則第十五条関係）

（傍線の部分は改正部分）

改正案	現行
（都市計画の決定等の提案の特例） 第十五条　次の各号に掲げる業務の実施に関し、当該各号に定める都市計画の決定又は変更をする必要がある場合における都市計画法（昭和四十三年法律第百号）第二十一条の二第二項及び第四項の規定の適用については、同条第二項中「前項に規定する土地の区域」とあるのは「前項に規定する土地の区域（独立行政法人都市再生機構にあっては、都市計画区域又は準都市計画区域のうち独立行政法人都市再生機構法第十五条各号に掲げる業務の実施に必要となる土地の区域）」と、同条第四項中「次に掲げるところ」とあるのは「次の各号（独立行政法人都市再生機構法第十五条の規定により読み替えて適用される第二項の規定による独立行政法人都市再生機構の提案にあっては、第一号）に掲げるところ」とする。 一・二　（略）	（都市計画の決定等の提案の特例） 第十五条　次の各号に掲げる業務の実施に関し、当該各号に定める都市計画の決定又は変更をする必要がある場合における都市計画法（昭和四十三年法律第百号）第二十一条の二第二項及び第三項の規定の適用については、同条第二項中「前項に規定する土地の区域」とあるのは「前項に規定する土地の区域（独立行政法人都市再生機構にあっては、都市計画区域又は準都市計画区域のうち独立行政法人都市再生機構法第十五条各号に掲げる業務の実施に必要となる土地の区域）」と、同条第三項中「次に掲げるところ」とあるのは「次の各号（独立行政法人都市再生機構法第十五条の規定により読み替えて適用される前項の規定による独立行政法人都市再生機構の提案にあっては、第一号）に掲げるところ」とする。 一・二　（略）

○　景観法（平成十六年法律第百十号）（抄）（附則第十六条関係）

（傍線の部分は改正部分）

改正案	現行
（緑地保全・緑化推進法人の業務の特例） 第四十二条　都市緑地法（昭和四十八年法律第七十二号）第八十一条第一項の規定により指定された緑地保全・緑化推進法人であって同法第八十二条第一号イの業務を行うもの（以下この節において「緑地保全・緑化推進法人」という。）は、景観重要樹木の適切な管理のため必要があると認めるときは、同条各号に掲げる業務のほか、当該景観重要樹木の所有者と管理協定を締結して、当該景観重要樹木の管理及びこれに附帯する業務を行うことができる。 ２　前項の場合においては、都市緑地法第八十三条中「掲げる業務」とあるのは、「掲げる業務又は景観法第四十二条第一項に規定する業務」とする。 ３　（略）	（緑地保全・緑化推進法人の業務の特例） 第四十二条　都市緑地法（昭和四十八年法律第七十二号）第六十九条第一項の規定により指定された緑地保全・緑化推進法人であって同法第七十条第一号イの業務を行うもの（以下この節において「緑地保全・緑化推進法人」という。）は、景観重要樹木の適切な管理のため必要があると認めるときは、同条各号に掲げる業務のほか、当該景観重要樹木の所有者と管理協定を締結して、当該景観重要樹木の管理及びこれに附帯する業務を行うことができる。 ２　前項の場合においては、都市緑地法第七十一条中「掲げる業務」とあるのは、「掲げる業務又は景観法第四十二条第一項に規定する業務」とする。 ３　（略）

○　地域における歴史的風致の維持及び向上に関する法律（平成二十年法律第四十号）（抄）（附則第十七条関係）

（傍線の部分は改正部分）

改正案	現行
（都市緑地法の規定による特別緑地保全地区における行為の制限に関する事務の町村長による実施） 第二十九条　都道府県知事は、都市緑地法（昭和四十八年法律第七十二号）第十四条第一項から第八項まで、同法第十五条において準用する同法第九条第一項及び第二項、同法第十六条において準用する同法第十条第二項において準用する同法第七条第五項及び第六項並びに同法第十九条において読み替えて準用する同法第十一条第一項及び第二項の規定によりその権限に属する事務であって、認定重点区域内の特別緑地保全地区（同法第十二条第一項に規定する特別緑地保全地区をいう。）に係るものについては、認定計画期間内に限り、政令で定めるところにより、認定町村の長が行うこととすることができる。 2　前項の規定により認定町村の長が同項に規定する事務を行う場合における都市緑地法第四条、第三章第二節及び第三十一条の規定の適用については、同法第四条第二項第六号ハ中「第十七条」とあるのは「第十七条（地域における歴史的風致の維持及び向上に関する法律（平成二十年法律第四十号。以下「地域歴史的風致法」という。）第二十九条第二項の規定により読み替えて適用する場合を含む。）」と、同条第七項中「第六号ハからホまでに掲げる事項」とあるのは「第六号ハからホまでに掲げる事項（地域歴史的風致法第二十九条第二項の規定により読み替えて適用する第十七条の規定による土地の買入れ及び買い入れた土地の管理に関する事項を除く。）」と、同法第十六条において準用する同法第十条第一項並びに同法第十七条第一項及び第三十一条第一項中「都道府県等」とあるのは「地域歴史的風致法第二十四条第一項	（都市緑地法の規定による特別緑地保全地区における行為の制限に関する事務の町村長による実施） 第二十九条　都道府県知事は、都市緑地法（昭和四十八年法律第七十二号）第十四条第一項から第八項まで、同法第十五条において準用する同法第九条第一項及び第二項、同法第十六条において準用する同法第十条第二項において準用する同法第七条第五項及び第六項、同法第十七条第二項並びに同法第十九条において読み替えて準用する同法第十一条第一項及び第二項の規定によりその権限に属する事務であって、認定重点区域内の特別緑地保全地区（同法第十二条第一項に規定する特別緑地保全地区をいう。）に係るものについては、認定計画期間内に限り、政令で定めるところにより、認定町村の長が行うこととすることができる。 2　前項の規定により認定町村の長が同項に規定する事務を行う場合における都市緑地法の適用については、同法第四条第二項第四号ロ中「第十七条」とあるのは「第十七条（地域における歴史的風致の維持及び向上に関する法律（平成二十年法律第四十号。以下「地域歴史的風致法」という。）第二十九条第二項の規定により読み替えて適用する場合を含む。）」と、同条第六項中「同号ロからニまでに掲げる事項」とあるのは「同号ロからニまでに掲げる事項（地域歴史的風致法第二十九条第二項の規定により読み替えて適用する第十七条の規定による土地の買入れ及び買い入れた土地の管理に関する事項を除く。）」と、同法第十六条において準用する同法第十条第一項中「都道府県等」とあるのは「地域歴史的風致法第二十四条第一項に規定する認定町村（以下単に「認定町村」という。）」と、同法第十七条第一項及び第三十一条

に規定する認定町村」と、同項中「第十六条」とあるのは「地域歴史的風致法第二十九条第二項の規定により読み替えて適用する第十六条」と、「第十七条第一項」とあるのは「地域歴史的風致法第二十九条第二項の規定により読み替えて適用する第十七条第一項」と、「買入れ又は第十七条の二第五項の規定による負担並びに都道府県又は町村が行う第十七条第三項の規定による土地の買入れ」とあるのは「買入れ」とする。

第一項中「都道府県等」とあるのは「認定町村」と、同法第十七条第二項中「町村又は第六十九条第一項の規定により指定された緑地保全・緑化推進法人（第七十条第一号ハに掲げる業務を行うものに限る。以下この条及び次条において単に「緑地保全・緑化推進法人」という。）を、市長にあつては当該土地の買入れを希望する都道府県又は緑地保全・緑化推進法人を、」とあるのは「第六十九条第一項の規定により指定された緑地保全・緑化推進法人（第七十条第一号ハに掲げる業務を行うものに限る。以下この条及び次条において単に「緑地保全・緑化推進法人」という。）を」と、同条第三項中「都道府県、町村又は緑地保全・緑化推進法人」とあるのは「緑地保全・緑化推進法人」と、同法第三十一条第一項中「第十六条」とあるのは「地域歴史的風致法第二十九条第二項の規定により読み替えて適用する第十六条」と、「第十七条第一項」とあるのは「地域歴史的風致法第二十九条第二項の規定により読み替えて適用する第十七条第一項」と、「買入れ並びに都道府県又は町村が行う同条第三項の規定による土地の買入れ」とあるのは「買入れ」とする。

○都市の低炭素化の促進に関する法律（平成二十四年法律第八十四号）（抄）（附則第十八条関係）

（傍線の部分は改正部分）

改正案	現行
（樹木等管理協定の締結等） 第三十八条　低炭素まちづくり計画に第七条第三項第四号に掲げる事項が記載されているときは、市町村又は都市緑地法（昭和四十八年法律第七十二号）第八十一条第一項の規定により指定された緑地保全・緑化推進法人（第四十五条第一項第一号に掲げる業務を行うものに限る。）は、当該事項に係る樹木保全推進区域内の保全樹木等基準に該当する樹木又は樹林地等を保全するため、当該樹木又は樹林地等の所有者又は使用及び収益を目的とする権利（一時使用のため設定されたことが明らかなものを除く。）を有する者（次項及び第四十三条において「所有者等」という。）と次に掲げる事項を定めた協定（以下「樹木等管理協定」という。）を締結して、当該樹木又は樹林地等の管理を行うことができる。	（樹木等管理協定の締結等） 第三十八条　低炭素まちづくり計画に第七条第三項第四号に掲げる事項が記載されているときは、市町村又は都市緑地法（昭和四十八年法律第七十二号）第六十九条第一項の規定により指定された緑地保全・緑化推進法人（第四十五条第一項第一号に掲げる業務を行うものに限る。）は、当該事項に係る樹木保全推進区域内の保全樹木等基準に該当する樹木又は樹林地等を保全するため、当該樹木又は樹林地等の所有者又は使用及び収益を目的とする権利（一時使用のため設定されたことが明らかなものを除く。）を有する者（次項及び第四十三条において「所有者等」という。）と次に掲げる事項を定めた協定（以下「樹木等管理協定」という。）を締結して、当該樹木又は樹林地等の管理を行うことができる。
一〜五　（略）	一〜五　（略）
2・3　（略）	2・3　（略）
4　第一項の緑地保全・緑化推進法人が樹木等管理協定を締結するときは、あらかじめ、市町村長の認可を受けなければならない。	4　第一項の緑地保全・緑化推進法人が樹木等管理協定を締結しようとするときは、あらかじめ、市町村長の認可を受けなければならない。
（都市の美観風致を維持するための樹木の保存に関する法律の特例） 第四十四条　第三十八条第一項の緑地保全・緑化推進法人が樹木等管理協定に基づき管理する協定樹木又は協定区域内の樹林地等に存する樹木の集団で都市の美観風致を維持するための樹木の保存に関する法律（昭和三十七年法律第百四十二号）第二条第一項の	（都市の美観風致を維持するための樹木の保存に関する法律の特例） 第四十四条　第三十八条第一項の緑地保全・緑化推進法人が樹木等管理協定に基づき管理する協定樹木又は協定区域内の樹林地等に存する樹木の集団で都市の美観風致を維持するための樹木の保存に関する法律（昭和三十七年法律第百四十二号）第二条第一項の

規定に基づき保存樹又は保存樹林として指定されたものについての同法の規定の適用については、同法第五条第一項中「所有者」とあるのは「所有者及び緑地保全・緑化推進法人（都市緑地法（昭和四十八年法律第七十二号）第八十一条第一項の規定により指定された緑地保全・緑化推進法人をいう。以下同じ。）」と、同法第六条第二項及び第八条中「所有者」とあるのは「緑地保全・緑化推進法人」と、同法第九条中「所有者」とあるのは「所有者又は緑地保全・緑化推進法人」とする。

（緑地保全・緑化推進法人の業務の特例）

第四十五条　都市緑地法第八十一条第一項の規定により指定された緑地保全・緑化推進法人（同法第八十二条第一号イに掲げる業務を行うものに限る。）は、同法第八十二条各号に掲げる業務のほか、次に掲げる業務を行うことができる。

一・二　（略）

2　前項の場合においては、都市緑地法第八十三条中「前条第一号」とあるのは、「前条第一号又は都市の低炭素化の促進に関する法律（平成二十四年法律第八十四号）第四十五条第一項第一号」とする。

規定に基づき保存樹又は保存樹林として指定されたものについての同法の規定の適用については、同法第五条第一項中「所有者」とあるのは「所有者及び緑地保全・緑化推進法人（都市緑地法（昭和四十八年法律第七十二号）第六十九条第一項の規定により指定された緑地保全・緑化推進法人をいう。以下同じ。）」と、同法第六条第二項及び第八条中「所有者」とあるのは「緑地保全・緑化推進法人」と、同法第九条中「所有者」とあるのは「所有者又は緑地保全・緑化推進法人」とする。

（緑地保全・緑化推進法人の業務の特例）

第四十五条　都市緑地法第六十九条第一項の規定により指定された緑地保全・緑化推進法人（同法第七十条第一号イに掲げる業務を行うものに限る。）は、同法第七十条各号に掲げる業務のほか、次に掲げる業務を行うことができる。

一・二　（略）

2　前項の場合においては、都市緑地法第七十一条中「前条第一号」とあるのは、「前条第一号又は都市の低炭素化の促進に関する法律（平成二十四年法律第八十四号）第四十五条第一項第一号」とする。

○　刑法等の一部を改正する法律の施行に伴う関係法律の整理等に関する法律（令和四年法律第六十八号）（抄）（附則第十九条関係）

（傍線の部分は改正部分）

改正案

（船舶法等の一部改正）

第三百四十二条　次に掲げる法律の規定中「懲役」を「拘禁刑」に改める。

一～二十二　（略）

二十二の二　古都における歴史的風土の保存に関する特別措置法（昭和四十一年法律第一号）第二十一条及び第二十二条

二十三～二十五　（略）

二十六　都市緑地法（昭和四十八年法律第七十二号）第百十五条第一項及び第百十六条

二十七～六十四　（略）

第三百八十三条　削除

現行

（船舶法等の一部改正）

第三百四十二条　次に掲げる法律の規定中「懲役」を「拘禁刑」に改める。

一～二十二　（略）

（新設）

二十三～二十五　（略）

二十六　都市緑地法（昭和四十八年法律第七十二号）第七十六条及び第七十七条

二十七～六十四　（略）

（古都における歴史的風土の保存に関する特別措置法の一部改正）

第三百八十三条　古都における歴史的風土の保存に関する特別措置法（昭和四十一年法律第一号）の一部を次のように改正する。

第二十条中「懲役」を「拘禁刑」に改める。

第二十一条中「一に」を「いずれかに」に、「懲役」を「拘禁刑」に改める。

都市緑地法等の一部を改正する法律案　参照条文　目次

○都市緑地法（昭和四十八年法律第七十二号）……1
○古都における歴史的風土の保存に関する特別措置法（昭和四十一年法律第一号）（抄）……28
○都市開発資金の貸付けに関する法律（昭和四十一年法律第二十号）（抄）……32
○都市計画法（昭和四十三年法律第百号）（抄）……33
○都市再生特別措置法（平成十四年法律第二十二号）（抄）……38
○地方交付税法（昭和二十五年法律第二百十一号）（抄）……43
○農地法（昭和二十七年法律第二百二十九号）（抄）……43
○都市公園法（昭和三十一年法律第七十九号）（抄）……44
○首都圏近郊緑地保全法（昭和四十一年法律第百一号）（抄）……45
○登録免許税法（昭和四十二年法律第三十五号）（抄）……47
○近畿圏の保全区域の整備に関する法律（昭和四十二年法律第百三号）（抄）……48
○生産緑地法（昭和四十九年法律第六十八号）（抄）……51
○明日香村における歴史的風土の保存及び生活環境の整備等に関する特別措置法（昭和五十五年法律第六十号）（抄）……51
○民間都市開発の推進に関する特別措置法（昭和六十二年法律第六十二号）（抄）……52
○独立行政法人国立文化財機構法（平成十一年法律第百七十八号）（抄）……53
○独立行政法人都市再生機構法（平成十五年法律第百号）（抄）……53
○景観法（平成十六年法律第百十号）（抄）……54
○地域における歴史的風致の維持及び向上に関する法律（平成二十年法律第四十号）（抄）……54
○都市の低炭素化の促進に関する法律（平成二十四年法律第八十四号）（抄）……55
○刑法等の一部を改正する法律の施行に伴う関係法律の整理等に関する法律（令和四年法律第六十八号）（抄）……56
○国土形成計画法（昭和二十五年法律第二百五号）（抄）……57
○環境基本法（平成五年法律第九十一号）（抄）……57
○都市の美観風致を維持するための樹木の保存に関する法律（昭和三十七年法律第百四十二号）（抄）……58
○行政手続法（平成五年法律第八十八号）（抄）……58
○会社法（平成十七年法律第八十六号）（抄）……59
○地球温暖化対策の推進に関する法律（平成十年法律第百十七号）（抄）……59
○再生可能エネルギー電気の利用の促進に関する特別措置法（平成二十三年法律第百八号）（抄）……60
○地方自治法（昭和二十二年法律第六十七号）（抄）……60

都市緑地法等の一部を改正する法律案　参照条文

○　都市緑地法（昭和四十八年法律第七十二号）

目次

第一章　総則（第一条―第三条）
第二章　緑地の保全及び緑化の推進に関する基本計画（第四条）
第三章　緑地保全地域等
　第一節　緑地保全地域（第五条―第十一条）
　第二節　特別緑地保全地区（第十二条―第十九条）
　第三節　地区計画等の区域内における緑地の保全（第二十条―第二十三条）
　第四節　管理協定（第二十四条―第三十条）
　第五節　雑則（第三十一条―第三十三条）
第四章　緑化地域等
　第一節　緑化地域（第三十四条―第三十八条）
　第二節　地区計画等の区域内における緑化率規制（第三十九条）
　第三節　雑則（第四十条―第四十四条）
第五章　緑地協定（第四十五条―第五十四条）
第六章　市民緑地
　第一節　市民緑地契約（第五十五条―第五十九条）
　第二節　市民緑地設置管理計画の認定（第六十条―第六十八条）
第七章　緑地保全・緑化推進法人（第六十九条―第七十四条）
第八章　雑則（第七十五条）
第九章　罰則（第七十六条―第八十条）
附則

第一章　総則

（目的）

第一条　この法律は、都市における緑地の保全及び緑化の推進に関し必要な事項を定めることにより、都市公園法（昭和三十一年法律第七十九号）その他の都市における自然的環境の整備を目的とする法律と相まつて、良好な都市環境の形成を図り、もつて健康で文化的な都市生活の確保に寄与することを目的とする。

（国及び地方公共団体の任務等）

第二条　国及び地方公共団体は、都市における緑地が住民の健康で文化的な生活に欠くことのできないものであることにかんがみ、都市における緑地の適正な保全と緑化の推進に関する措置を講じなければならない。

2　事業者は、その事業活動の実施に当たつて、都市における緑地が適正に確保されるよう必要な措置を講ずるとともに、国及び地方公共団体がこの法律の目的を達成するために行なう措置に協力しなければならない。

3　都市の住民は、都市における緑地が適正に確保されるよう自ら努めるとともに、国及び地方公共団体がこの法律の目的を達成するために行なう措置に協力しなければならない。

（定義）

第三条　この法律において「緑地」とは、樹林地、草地、水辺地、岩石地若しくはその状況がこれらに類する土地（農地であるものを含む。）が、単独で若しくは一体となつて、又はこれらに隣接している土地が、これらと一体となつて、良好な自然的環境を形成しているものをいう。

2　この法律において「都市計画区域」とは都市計画法（昭和四十三年法律第百号）第四条第二項に規定する都市計画区域を、「準都市計画区域」とは同項に規定する準都市計画区域をいう。

3　この法律において「首都圏近郊緑地保全区域」とは、首都圏近郊緑地保全法（昭和四十一年法律第百一号。以下「首都圏保全法」という。）第三条第一項の規定による近郊緑地保全区域をいう。

4　この法律において「近畿圏近郊緑地保全区域」とは、近畿圏の保全区域の整備に関する法律（昭和四十二年法律第百三号。以下「近畿圏保全法」という。）第五条第一項の規定による近郊緑地保全区域をいう。

第二章　緑地の保全及び緑化の推進に関する基本計画

第四条　市町村は、都市における緑地の適正な保全及び緑化の推進に関する措置で主として都市計画区域内において講じられるものを総合的かつ計画的に実施するため、当該市町村の緑地の保全及び緑化の推進に関する基本計画（以下「基本計画」という。）を定めることができる。

2　基本計画においては、おおむね次に掲げる事項を定めるものとする。

一　緑地の保全及び緑化の目標

二　緑地の保全及び緑化の推進のための施策に関する事項

三　地方公共団体の設置に係る都市公園（都市公園法第二条第一項に規定する都市公園をいう。第五項において同じ。）の整備及び管理の方針その他緑地の保全及び緑化の推進の方針に関する事項

四　特別緑地保全地区内の緑地の保全に関する事項で次に掲げるもの
イ　緑地の保全に関連して必要とされる施設の整備に関する事項
ロ　第十七条の規定による土地の買入れ及び買い入れた土地の管理に関する事項
ハ　第二十四条第一項の規定による管理協定（次章第一節及び第二節において単に「管理協定」という。）に基づく緑地の管理に関する事項
ニ　第五十五条第一項又は第二項の規定による市民緑地契約（次章第一節及び第二節において単に「市民緑地契約」という。）に基づく緑地の管理に関する事項その他特別緑地保全地区内の緑地の保全に関し必要な事項
五　生産緑地法（昭和四十九年法律第六十八号）第三条第一項の規定による生産緑地地区（次号において単に「生産緑地地区」という。）内の緑地の保全に関する事項
六　緑地保全地域、特別緑地保全地区及び生産緑地地区以外の区域であつて重点的に緑地の保全に配慮を加えるべき地区並びに当該地区における緑地の保全に関する事項
七　緑化地域における緑化の推進に関する事項
八　緑化地域以外の区域であつて重点的に緑化の推進に配慮を加えるべき地区及び当該地区における緑化の推進に関する事項

3　基本計画は、環境基本法（平成五年法律第九十一号）第十五条第一項に規定する環境基本計画との調和が保たれるとともに、景観法（平成十六年法律第百十号）第八条第二項第一号の景観計画区域をその区域とする市町村にあつては同条第一項の景観計画との調和が保たれ、かつ、議会の議決を経て定められた当該市町村の建設に関する基本構想に即し、都市計画法第十八条の二第一項の市町村の都市計画に関する基本的な方針に適合するとともに、首都圏近郊緑地保全区域をその区域とする市町村にあつては首都圏保全法第四条第一項の規定による近郊緑地保全計画に、近畿圏近郊緑地保全区域をその区域とする市町村にあつては近畿圏保全法第三条第一項の規定による保全区域整備計画に、緑地保全地域をその区域とする市町村にあつては第六条第一項の規定による緑地保全計画に、それぞれ適合したものでなければならない。

4　市町村は、基本計画を定めようとするときは、あらかじめ、公聴会の開催等住民の意見を反映させるために必要な措置を講ずるよう努めるものとする。

5　市町村は、基本計画に第二項第三号に掲げる事項（都道府県の設置に係る都市公園の整備及び管理の方針に係るものに限る。）を定めようとする場合においては、当該事項について、あらかじめ、都道府県知事と協議し、その同意を得なければならない。

6　町村は、基本計画に第二項第四号イに掲げる事項を定めようとする場合においては、当該事項について、あらかじめ、都道府県知事と協議してその同意を得、同号ロからニまでに掲げる事項を定めようとする場合においては、当該事項について、あらかじめ、都道府県知事と協議しなければならない。

7　市町村は、基本計画を定めたときは、遅滞なく、これを公表するよう努めるとともに、都道府県知事に通知しなければならない。

8　第四項から前項までの規定は、基本計画の変更について準用する。

第三章　緑地保全地域等

第一節　緑地保全地域

（緑地保全地域に関する都市計画）
第五条　都市計画区域又は準都市計画区域内の緑地で次の各号のいずれかに該当する相当規模の土地の区域については、都市計画に緑地保全地域を定めることができる。
一　無秩序な市街地化の防止又は公害若しくは災害の防止のため適正に保全する必要があるもの
二　地域住民の健全な生活環境を確保するため適正に保全する必要があるもの

（緑地保全計画）
第六条　緑地保全地域に関する都市計画が定められた場合においては、都道府県（市の区域内にあつては、当該市。以下「都道府県等」という。）は、当該緑地保全地域内の緑地の保全に関する計画（以下「緑地保全計画」という。）を定めなければならない。
2　緑地保全計画には、第八条の規定による行為の規制又は措置の基準を定めるものとする。
3　緑地保全計画には、前項に規定するもののほか、次に掲げる事項を定めることができる。
一　緑地の保全に関連して必要とされる施設の整備に関する事項
二　管理協定に基づく緑地の管理に関する事項
三　市民緑地契約に基づく緑地の管理に関する事項その他緑地保全地域内の緑地の保全に関し必要な事項
4　緑地保全計画は、環境基本法第十五条第一項に規定する環境基本計画との調和が保たれ、かつ、都市計画法第六条の二第一項の都市計画区域の整備、開発及び保全の方針に適合したものでなければならない。
5　都道府県等は、緑地保全計画を定めようとするときは、あらかじめ、都道府県にあつては関係町村及び都道府県都市計画審議会の意見を、市にあつては市町村都市計画審議会（当該市に市町村都市計画審議会が置かれていないときは、当該市の存する都道府県の都道府県都市計画審議会）の意見を聴かなければならない。
6　都道府県等は、緑地保全計画を定めたときは、遅滞なく、これを公表するとともに、都道府県にあつては関係町村に通知しなければならない。

（標識の設置等）
第七条　都道府県等は、緑地保全地域に関する都市計画が定められたときは、その区域内における標識の設置その他の適切な方法により、その区域が緑地保全地域である旨を明示しなければならない。
2　緑地保全地域内の土地の所有者又は占有者は、正当な理由がない限り、前項の標識の設置を拒み、又は妨げてはならない。
3　何人も、第一項の規定により設けられた標識を設置者の承諾を得ないで移転し、若しくは除却し、又は汚損し、若しくは損壊してはならない。
4　都道府県等は、第一項の規定による行為（緑地保全地域内における標識の設置に係るものに限る。）により損失を受けた者がある場合においては、その損失を受けた者に対して、通常生ずべき損失を補償する。

5　前項の規定による損失の補償については、都道府県知事（市の区域内にあつては、当該市の長。以下「都道府県知事等」という。）と損失を受けた者が協議しなければならない。
6　前項の規定による協議が成立しない場合においては、都道府県知事等又は損失を受けた者は、政令で定めるところにより、収用委員会に土地収用法（昭和二十六年法律第二百十九号）第九十四条第二項の規定による裁決を申請することができる。

（緑地保全地域における行為の届出等）
第八条　緑地保全地域（特別緑地保全地区及び第二十条第二項に規定する地区計画等緑地保全条例により制限を受ける区域を除く。以下この条及び第六章第二節において同じ。）内において、次に掲げる行為をしようとする者は、国土交通省令で定めるところにより、あらかじめ、都道府県知事等にその旨を届け出なければならない。
一　建築物その他の工作物の新築、改築又は増築
二　宅地の造成、土地の開墾、土石の採取、鉱物の掘採その他の土地の形質の変更
三　木竹の伐採
四　水面の埋立て又は干拓
五　前各号に掲げるもののほか、当該緑地の保全に影響を及ぼすおそれのある行為で政令で定めるもの
2　都道府県知事等は、緑地保全地域内において前項の規定により届出を要する行為をしようとする者又はした者に対して、当該緑地の保全のために必要があると認めるときは、その必要な限度において、緑地保全計画で定める基準に従い、当該行為を禁止し、若しくは制限し、又は必要な措置をとるべき旨を命ずることができる。
3　前項の処分は、第一項の届出をした者に対しては、その届出があつた日から起算して三十日以内に限り、することができる。
4　都道府県知事等は、第一項の届出があつた場合において、実地の調査をする必要があるとき、その他前項の期間内に第二項の処分をすることができない合理的な理由があるときは、その理由が存続する間、前項の期間を延長することができる。この場合においては、同項の期間内に、第一項の届出をした者に対し、その旨、延長する期間及び延長する理由を通知しなければならない。
5　第一項の届出をした者は、その届出をした日から起算して三十日を経過した後でなければ、当該届出に係る行為に着手してはならない。
6　都道府県知事等は、当該緑地の保全に支障を及ぼすおそれがないと認めるときは、前項の期間を短縮することができる。
7　前各項の規定にかかわらず、国の機関又は地方公共団体（港湾法（昭和二十五年法律第二百十八号）に規定する港務局を含む。以下この条において同じ。）が行う行為については、第一項の届出をすることを要しない。この場合において、当該国の機関又は地方公共団体は、同項の届出を要する行為をしようとするときは、あらかじめ、都道府県知事等にその旨を通知しなければならない。
8　都道府県知事等は、前項後段の通知があつた場合において、当該緑地の保全のため必要があると認めるときは、その必要な限度において、当該国の機関又は地方公共団体に対し、緑地保全計画で定める基準に従い、当該緑地の保全のためとるべき措置について協議を求めることができる。
9　次に掲げる行為については、第一項、第二項、第七項後段及び前項の規定は、適用しない。

一　公益性が特に高いと認められる事業の実施に係る行為のうち、当該緑地の保全に著しい支障を及ぼすおそれがないと認められるものとして政令で定めるもの
二　緑地保全地域に関する都市計画が定められた際既に着手していた行為
三　非常災害のため必要な応急措置として行う行為
四　首都圏保全法第四条第一項の規定による近郊緑地保全計画に基づいて行う行為
五　近畿圏保全法第八条第四項第一号の政令で定める行為に該当する行為
六　緑地保全計画に定められた緑地の保全に関連して必要とされる施設の整備に関する事項に従つて行う行為
七　管理協定において定められた当該管理協定区域内の緑地の保全に関連して必要とされる施設の整備に関する事項に従つて行う行為
八　市民緑地契約において定められた当該市民緑地内の緑地の保全に関連して必要とされる施設の整備に関する事項に従つて行う行為
九　通常の管理行為、軽易な行為その他の行為で政令で定めるもの

（原状回復命令等）
第九条　都道府県知事等は、前条第二項の規定による処分に違反した者がある場合においては、その者又はその者から当該土地、建築物その他の工作物若しくは物件についての権利を承継した者に対して、相当の期限を定めて、当該緑地の保全に対する障害を排除するため必要な限度において、その原状回復を命じ、又は原状回復が著しく困難である場合に、これに代わるべき必要な措置をとるべき旨を命ずることができる。
2　前項の規定により原状回復又はこれに代わるべき必要な措置（以下「原状回復等」という。）を命じようとする場合において、過失がなくて当該原状回復等を命ずべき者を確知することができないときは、都道府県知事等は、その者の負担において、当該原状回復等を自ら行い、又はその命じた者若しくは委任した者にこれを行わせることができる。この場合においては、相当の期限を定めて、当該原状回復等を行うべき旨及びその期限までに当該原状回復等を行わないときは、都道府県知事等又はその命じた者若しくは委任した者が当該原状回復等を行う旨をあらかじめ公告しなければならない。
3　前項の規定により原状回復等を行おうとする者は、その身分を示す証明書を携帯し、関係人の請求があつた場合においては、これを提示しなければならない。

（損失の補償）
第十条　都道府県知事等は、第八条第二項の規定による処分を受けたため損失を受けた者がある場合においては、その損失を受けた者に対して、通常生ずべき損失を補償する。ただし、次の各号のいずれかに該当する場合における当該処分に係る行為については、この限りでない。
一　第八条第一項の届出に係る行為をするについて、他に、行政庁の許可その他の処分を受けるべきことを定めている法律（法律に基づく命令及び条例を含むものとし、当該許可その他の処分を受けることができないため損失を受けた者に対して、その損失を補償すべきことを定めているものを除く。）がある場合において、当該許可その他の処分の申請が却下されたとき、又は却下されるべき場合に該当するとき。
二　第八条第一項の届出に係る行為が、次に掲げるものであると認められるとき。

イ　都市計画法による開発許可を受けた開発行為により確保された緑地その他これに準ずるものとして政令で定める緑地の保全に支障を及ぼす行為
ロ　イに掲げるもののほか、社会通念上緑地保全地域に関する都市計画が定められた趣旨に著しく反する行為
2　第七条第五項及び第六項の規定は、前項本文の規定による損失の補償について準用する。

（報告及び立入検査等）
第十一条　都道府県知事等は、緑地保全地域内の緑地の保全のため必要があると認めるときは、その必要な限度において、第八条第二項の規定により行為を制限され、若しくは必要な措置をとるべき旨を命ぜられた者又はその者から当該土地、建築物その他の工作物若しくは物件についての権利を承継した者に対して、当該行為の実施状況その他必要な事項について報告を求めることができる。
2　都道府県知事等は、第八条及び第九条の規定の施行に必要な限度において、当該職員をして、緑地保全地域内の土地若しくは建物内に立ち入らせ、又は第八条第一項各号に掲げる行為の実施状況を検査させ、若しくはこれらの行為が当該緑地の保全に及ぼす影響を調査させることができる。
3　前項に規定する職員は、その身分を示す証明書を携帯し、関係人の請求があつた場合においては、これを提示しなければならない。
4　第二項の規定による権限は、犯罪捜査のために認められたものと解してはならない。

第二節　特別緑地保全地区

（特別緑地保全地区に関する都市計画）
第十二条　都市計画区域内の緑地で次の各号のいずれかに該当する土地の区域については、都市計画に特別緑地保全地区を定めることができる。
一　無秩序な市街地化の防止、公害又は災害の防止等のため必要な遮断地帯、緩衝地帯又は避難地帯若しくは雨水貯留浸透地帯（雨水を一時的に貯留し又は地下に浸透させることにより浸水による被害を防止する機能を有する土地の区域をいう。）として適切な位置、規模及び形態を有するもの
二　神社、寺院等の建造物、遺跡等と一体となつて、又は伝承若しくは風俗慣習と結びついて当該地域において伝統的又は文化的意義を有するもの
三　次のいずれかに該当し、かつ、当該地域の住民の健全な生活環境を確保するため必要なもの
イ　風致又は景観が優れていること。
ロ　動植物の生息地又は生育地として適正に保全する必要があること。
2　首都圏近郊緑地保全区域又は近畿圏近郊緑地保全区域内の特別緑地保全地区で、それらの近郊緑地保全区域内において近郊緑地の保全のため特に必要とされるものに関する都市計画の策定に関し必要な基準は、前項の規定にかかわらず、それぞれ首都圏保全法第五条第一項及び近畿圏保全法第六条第一項に定めるところによるものとする。

替えるものとする。

（標識の設置等についての準用）

第十三条　第七条の規定は、特別緑地保全地区に関する都市計画が定められた場合について準用する。この場合において、同条第一項中「緑地保全地域である」とあるのは「特別緑地保全地区である」と、同条第二項及び第四項中「緑地保全地域」とあるのは「特別緑地保全地区」と読み替えるものとする。

（特別緑地保全地区における行為の制限）

第十四条　特別緑地保全地区内においては、次に掲げる行為は、都道府県知事等の許可を受けなければ、してはならない。ただし、公益性が特に高いと認められる事業の実施に係る行為のうち当該緑地の保全上著しい支障を及ぼすおそれがないと認められるもので政令で定めるもの、当該特別緑地保全地区に関する都市計画が定められた際既に着手していた行為又は非常災害のため必要な応急措置として行う行為については、この限りでない。

一　建築物その他の工作物の新築、改築又は増築

二　宅地の造成、土地の開墾、土石の採取、鉱物の掘採その他の土地の形質の変更

三　木竹の伐採

四　水面の埋立て又は干拓

五　前各号に掲げるもののほか、当該緑地の保全に影響を及ぼすおそれのある行為で政令で定めるもの

2　都道府県知事等は、前項の許可の申請があつた場合において、その申請に係る行為が当該緑地の保全上支障があると認めるときは、同項の許可をしてはならない。

3　都道府県知事等は、第一項の許可の申請があつた場合において、当該緑地の保全のため必要があると認めるときは、許可に期限その他必要な条件を付することができる。

4　特別緑地保全地区内において第一項ただし書の政令で定める行為に該当する行為で同項各号に掲げるものをしようとする者は、あらかじめ、都道府県知事等にその旨を通知しなければならない。

5　特別緑地保全地区に関する都市計画が定められた際当該特別緑地保全地区内において既に第一項各号に掲げる行為に着手している者は、その都市計画が定められた日から起算して三十日以内に、都道府県知事等にその旨を届け出なければならない。

6　特別緑地保全地区内において非常災害のため必要な応急措置として第一項各号に掲げる行為をした者は、その行為をした日から起算して十四日以内に、都道府県知事等にその旨を届け出なければならない。

7　都道府県知事等は、第四項の通知又は第五項若しくは前項の届出があつた場合において、当該緑地の保全のため必要があると認めるときは、通知又は届出をした者に対して、必要な助言又は勧告をすることができる。

8　国の機関又は地方公共団体（港湾法に規定する港務局を含む。以下この項において同じ。）が行う行為については、第一項の許可を受けることを要しない。この場合において、当該国の機関又は地方公共団体は、その行為をしようとするときは、あらかじめ、都道府県知事等に協議し

なければならない。

9　次に掲げる行為については、第一項から第七項まで及び前項後段の規定は、適用しない。

一　首都圏保全法第四条第一項の規定による近郊緑地保全計画に基づいて行う行為

二　近畿圏保全法第八条第四項第一号の政令で定める行為に該当する行為

三　基本計画において定められた当該特別緑地保全地区内の緑地の保全に関連して必要とされる施設の整備に関する事項に従つて行う行為

四　管理協定において定められた当該管理協定区域内の緑地の保全に関連して必要とされる施設の整備に関する事項に従つて行う行為

五　市民緑地契約において定められた当該市民緑地内の緑地の保全に関連して必要とされる施設の整備に関する事項に従つて行う行為

六　通常の管理行為、軽易な行為その他の行為で政令で定めるもの

（原状回復命令等についての準用）

第十五条　第九条の規定は、前条第一項の規定に違反した者又は同条第三項の規定により許可に付された条件に違反した者がある場合について準用する。

（損失の補償についての準用）

第十六条　第十条の規定は、第十四条第一項の許可を受けることができないため損失を受けた者がある場合について準用する。この場合において、第十条第一項第一号及び第二号中「第八条第一項の届出」とあるのは「第十四条第一項の許可の申請」と、同号ロ中「緑地保全地域」とあるのは「特別緑地保全地区」と読み替えるものとする。

（土地の買入れ）

第十七条　都道府県等は、特別緑地保全地区内の土地で当該緑地の保全上必要があると認めるものについて、その所有者から第十四条第一項の許可を受けることができないためその土地の利用に著しい支障を来すこととなることにより当該土地を買い入れるべき旨の申出があつた場合においては、第三項の規定による買入れが行われる場合を除き、これを買い入れるものとする。

2　前項の規定による申出があつたときは、都道府県知事にあつては当該土地の買入れを希望する町村又は第六十九条第一項の規定により指定された緑地保全・緑化推進法人（第七十条第一号ハに掲げる業務を行うものに限る。以下この条及び次条において単に「緑地保全・緑化推進法人」という。）を、市長にあつては当該土地の買入れを希望する都道府県又は緑地保全・緑化推進法人を、当該土地の買入れの相手方として定めることができる。

3　前項の場合においては、土地の買入れの相手方として定められた都道府県、町村又は緑地保全・緑化推進法人が、当該土地を買い入れるものとする。

4　第一項又は前項の規定による買入れをする場合における土地の価額は、時価によるものとする。

（買い入れた土地の管理）

第十八条　都道府県、市町村又は緑地保全・緑化推進法人は、前条第一項又は第三項の規定により買い入れた土地については、この法律の目的に適合するように、かつ、第四条第二項第四号ロに掲げる事項を定める基本計画が定められた場合にあつては、当該事項に従つて管理しなければならない。

（報告及び立入検査等についての準用）

第十九条　第十一条の規定は、特別緑地保全地区について準用する。この場合において、同条第一項中「第八条第二項の規定により行為を制限され、若しくは必要な措置をとるべき旨を命ぜられた」とあるのは「第十四条第一項の規定による許可を受けた」と、同条第二項中「第八条及び第九条」とあるのは「第十四条の規定及び第十五条において準用する第九条」と、「第八条第一項各号」とあるのは「第十四条第一項各号」と読み替えるものとする。

第三節　地区計画等の区域内における緑地の保全

（地区計画等緑地保全条例）

第二十条　市町村は、地区計画等（都市計画法第四条第九項に規定する地区計画等をいう。以下同じ。）の区域（地区整備計画（同法第十二条の五第二項第一号に規定する地区整備計画をいう。以下この項及び第三十九条第一項において同じ。）、防災街区整備地区整備計画（密集市街地における防災街区の整備の促進に関する法律（平成九年法律第四十九号）第三十二条第二項第二号に規定する防災街区整備地区整備計画をいう。第三十九条第一項において同じ。）、沿道地区整備計画（幹線道路の沿道の整備に関する法律（昭和五十五年法律第三十四号）第九条第二項第一号に規定する沿道地区整備計画をいう。第三十九条第一項において同じ。）若しくは集落地区整備計画（集落地域整備法（昭和六十二年法律第六十三号）第五条第三項に規定する集落地区整備計画をいう。）において、現に存する樹林地、草地等（緑地であるものに限る。次項において同じ。）で良好な居住環境を確保するため必要なものの保全に関する事項（地区整備計画にあつては、都市計画法第十二条の五第七項第四号に該当するものを除く。）が定められている区域又は歴史的風致維持向上地区整備計画（地域における歴史的風致の維持及び向上に関する法律（平成二十年法律第四十号）第三十一条第二項第一号に規定する歴史的風致維持向上地区整備計画をいう。第三十九条第一項において同じ。）において、現に存する樹林地、草地その他の緑地で歴史的風致（同法第一条に規定する歴史的風致をいう。第三項において同じ。）の維持及び向上を図るとともに、良好な居住環境を確保するために必要なものの保全に関する事項が定められている区域（同項において「歴史的風致維持向上地区整備計画区域」という。）に限り、特別緑地保全地区を除く。）内において、条例で、当該区域内における第十四条第一項各号に掲げる行為について、市町村長の許可を受けなければならないこととすることができる。

2　前項の規定に基づく条例（以下「地区計画等緑地保全条例」という。）には、併せて、市町村長が当該樹林地、草地等の保全のために必要があると認めるときは、許可に期限その他必要な条件を付することができる旨を定めることができる。

3　地区計画等緑地保全条例による制限は、当該区域内における土地利用の状況等を考慮し、良好な居住環境の確保（第一項（歴史的風致維持向上地区整備計画区域に係る部分に限る。）の規定に基づく条例による制限にあつては、歴史的風致の維持及び向上並びに良好な居住環境の確保）及び都市における緑地の適正な保全を図るため、合理的に必要と認められる限度において行うものとする。

4　地区計画等緑地保全条例には、第十四条第一項ただし書、第二項、第四項から第八項まで及び第九項（第一号、第二号、第五号及び第六号に係る部分に限る。）の規定の例により、当該条例に定める制限の適用除外、許可基準その他必要な事項を定めなければならない。

（標識の設置等についての準用）

第二十一条　第七条の規定は、地区計画等緑地保全条例が定められた場合について準用する。この場合において、同条第一項及び第四項中「都道府県等」とあるのは「市町村」と、同条第一項中「緑地保全地域である」とあるのは「地区計画等緑地保全条例により制限を受ける区域である」と、同条第二項及び第四項中「緑地保全地域」とあるのは「地区計画等緑地保全条例により制限を受ける区域」と、同条第五項中「都道府県知事（市の区域内にあつては、当該市の長。以下「都道府県知事等」という。）」とあるのは「市町村長」と、同条第六項中「都道府県知事等」とあるのは「市町村長」と読み替えるものとする。

（原状回復命令等）

第二十二条　地区計画等緑地保全条例には、第十五条において準用する第九条の規定及び第十九条において読み替えて準用する第十一条の規定の例により、原状回復等の命令並びに報告の徴収及び立入検査等をすることができる旨を定めることができる。

（損失の補償についての準用）

第二十三条　第十条の規定は、地区計画等緑地保全条例による許可を受けることができないため損失を受けた者がある場合について準用する。この場合において、同条第一項本文中「都道府県等」とあるのは「市町村」と、同項第一号及び第二号中「第八条第一項の届出」とあるのは「地区計画等緑地保全条例による許可の申請」と、同号ロ中「緑地保全地域に関する都市計画」とあるのは「地区計画等緑地保全条例」と、同条第二項において準用する第七条第五項中「都道府県知事（市の区域内にあつては、当該市の長。以下「都道府県知事等」という。）」とあるのは「市町村長」と、第十条第二項において準用する第七条第六項中「都道府県知事等」とあるのは「市町村長」と読み替えるものとする。

第四節　管理協定

（管理協定の締結等）

第二十四条　地方公共団体又は第六十九条第一項の規定により指定された緑地保全・緑化推進法人（第七十条第一号イに掲げる業務を行うものに限る。）は、緑地保全地域又は特別緑地保全地区内の緑地の保全のため必要があると認めるときは、当該緑地保全地域又は特別緑地保全地区内の土地又は木竹の所有者又は使用及び収益を目的とする権利（臨時設備その他一時使用のため設定されたことが明らかなものを除く。）を有する者（以下「土地の所有者等」と総称する。）と次に掲げる事項を定めた協定（以下「管理協定」という。）を締結して、当該土地の区域内の緑地の管理を行うことができる。
一　管理協定の目的となる土地の区域（以下「管理協定区域」という。）
二　管理協定区域内の緑地の管理の方法に関する事項
三　管理協定区域内の緑地の保全に関連して必要とされる施設の整備が必要な場合にあつては、当該施設の整備に関する事項
四　管理協定の有効期間
五　管理協定に違反した場合の措置
2　管理協定については、管理協定区域内の土地の所有者等の全員の合意がなければならない。
3　管理協定の内容は、次の各号に掲げる基準のいずれにも適合するものでなければならない。
一　緑地保全地域内の緑地に係る管理協定については、基本計画及び緑地保全計画との調和が保たれ、かつ、緑地保全計画に第六条第三項第二号に掲げる事項が定められている場合にあつては当該事項に従つて管理を行うものであること。
二　特別緑地保全地区内の緑地に係る管理協定については、基本計画との調和が保たれ、かつ、基本計画に第四条第二項第四号ハに掲げる事項が定められている場合にあつては当該事項に従つて管理を行うものであること。
三　土地及び木竹の利用を不当に制限するものでないこと。
四　第一項各号に掲げる事項について国土交通省令で定める基準に適合するものであること。
4　地方公共団体又は第一項の緑地保全・緑化推進法人は、管理協定に同項第三号に掲げる事項を定めようとする場合においては、当該事項について、あらかじめ、都道府県知事等と協議し、その同意を得なければならない。ただし、都道府県が当該都道府県の区域（市の区域を除く。）内の土地について、又は市が当該市の区域内の土地について管理協定を締結する場合は、この限りでない。
5　第一項の緑地保全・緑化推進法人が管理協定を締結しようとするときは、あらかじめ、市町村長の認可を受けなければならない。

（管理協定の縦覧等）
第二十五条　地方公共団体又は市町村長は、それぞれ管理協定を締結しようとするとき、又は前条第五項の規定による管理協定の認可の申請があつたときは、国土交通省令で定めるところにより、その旨を公告し、当該管理協定を当該公告の日から二週間関係人の縦覧に供さなければならない。
2　前項の規定による公告があつたときは、関係人は、同項の縦覧期間満了の日までに、当該管理協定について、地方公共団体又は市町村長に意見書を提出することができる。

（管理協定の認可）
第二十六条　市町村長は、第二十四条第五項の規定による管理協定の認可の申請が、次の各号のいずれにも該当するときは、当該管理協定を認可しなければならない。
一　申請手続が法令に違反しないこと。

二　管理協定の内容が、第二十四条第三項各号に掲げる基準のいずれにも適合するものであること。

（管理協定の公告等）

第二十七条　地方公共団体又は市町村長は、それぞれ管理協定を締結し又は前条の認可をしたときは、国土交通省令で定めるところにより、その旨を公告し、かつ、当該管理協定の写しをそれぞれ当該地方公共団体又は当該市町村の事務所に備えて公衆の縦覧に供するとともに、管理協定区域である旨を当該区域内に明示しなければならない。

（管理協定の変更）

第二十八条　第二十四条第二項から第五項まで及び前三条の規定は、管理協定において定めた事項の変更について準用する。

（管理協定の効力）

第二十九条　第二十七条（前条において準用する場合を含む。）の規定による公告のあつた管理協定は、その公告のあつた後において当該管理協定区域内の土地の所有者等となつた者に対しても、その効力があるものとする。

（都市の美観風致を維持するための樹木の保存に関する法律の特例）

第三十条　第二十四条第一項の緑地保全・緑化推進法人が管理協定に基づき管理する樹木又は樹木の集団で都市の美観風致を維持するための樹木の保存に関する法律（昭和三十七年法律第百四十二号）第二条第一項の規定に基づき保存樹又は保存樹林として指定されたものについての同法の規定の適用については、同法第五条第一項中「所有者」とあるのは「所有者及び緑地保全・緑化推進法人（都市緑地法第六十九条第一項の規定により指定された緑地保全・緑化推進法人をいう。以下同じ。）」と、同法第六条第二項及び第八条中「所有者」とあるのは「緑地保全・緑化推進法人」と、同法第九条中「所有者」とあるのは「所有者又は緑地保全・緑化推進法人」とする。

第五節　雑則

（国の補助）

第三十一条　国は、都道府県等が行う第十六条において読み替えて準用する第十条第一項の規定による損失の補償及び第十七条第一項の規定による土地の買入れ並びに都道府県又は町村が行う同条第三項の規定による土地の買入れに要する費用については、予算の範囲内において、政令で定めるところにより、その一部を補助することができる。

2　国は、地方公共団体が行う緑地保全地域内の緑地の保全に関連して必要とされる施設の整備（緑地保全計画又は管理協定において定められた当該施設の整備に関する事項に従つて行われるものに限る。）又は特別緑地保全地区内の緑地の保全に関連して必要とされる施設の整備（基本計画又は管理協定において定められた当該施設の整備に関する事項に従つて行われるものに限る。）に要する費用については、予算の範囲内において、政令で定めるところにより、その一部を補助することができる。

第三十二条　削除

（公害等調整委員会の裁定）

第三十三条　第八条第二項若しくは第十四条第一項又は地区計画等緑地保全条例（第二十条第一項の許可に係る部分に限る。）の規定による処分に不服がある者は、その不服の理由が鉱業、採石業又は砂利採取業との調整に関するものであるときは、公害等調整委員会に裁定の申請をすることができる。この場合においては、審査請求をすることができない。

２　行政不服審査法（平成二十六年法律第六十八号）第二十二条の規定は、前項に規定する処分につき、処分をした行政庁が誤って審査請求又は再調査の請求をすることができる旨を教示した場合に準用する。

第四章　緑化地域等

第一節　緑化地域

（緑化地域に関する都市計画）

第三十四条　都市計画区域内の都市計画法第八条第一項第一号に規定する用途地域が定められた土地の区域のうち、良好な都市環境の形成に必要な緑地が不足し、建築物の敷地内において緑化を推進する必要がある区域については、都市計画に、緑化地域を定めることができる。

２　緑化地域に関する都市計画には、都市計画法第八条第三項第一号及び第三号に掲げる事項のほか、建築物の緑化施設（植栽、花壇その他の緑化のための施設及び敷地内の保全された樹木並びにこれらに附属して設けられる園路、土留その他の施設（当該建築物の空地、屋上その他の屋外に設けられるものに限る。）をいう。以下この章において同じ。）の面積の敷地面積に対する割合（以下「緑化率」という。）の最低限度を定めるものとする。

３　前項の都市計画において定める建築物の緑化率の最低限度は、十分の二・五を超えてはならない。

（緑化率）

第三十五条　緑化地域内においては、敷地面積が政令で定める規模以上の建築物の新築又は増築（当該緑化地域に関する都市計画が定められた際既に着手していた行為及び政令で定める範囲内の増築を除く。以下この節において同じ。）をしようとする者は、当該建築物の緑化率を、緑化地域に関する都市計画において定められた建築物の緑化率の最低限度以上としなければならない。当該新築又は増築をした建築物の維持保全をする者についても、同様とする。

２　前項の規定は、次の各号のいずれかに該当する建築物については、適用しない。

一　その敷地の周囲に広い緑地を有する建築物であつて、良好な都市環境の形成に支障を及ぼすおそれがないと認めて市町村長が許可したもの
二　学校その他の建築物であつて、その用途によつてやむを得ないと認めて市町村長が許可したもの
三　その敷地の全部又は一部が崖地である建築物その他の建築物であつて、その敷地の状況によつてやむを得ないと認めて市町村長が許可したもの
3　市町村長は、前項各号に規定する許可の申請があつた場合において、良好な都市環境を形成するため必要があると認めるときは、許可に必要な条件を付することができる。
4　建築物の敷地が、第一項の規定による建築物の緑化率に関する制限が異なる区域の二以上にわたる場合においては、当該建築物の緑化率は、同項の規定にかかわらず、各区域の建築物の緑化率の最低限度（建築物の緑化率に関する制限が定められていない区域にあつては、零）にその敷地の当該区域内にある各部分の面積の敷地面積に対する割合を乗じて得たものの合計以上でなければならない。

（一の敷地とみなすことによる緑化率規制の特例）
第三十六条　建築基準法第八十六条第一項から第四項まで（これらの規定を同法第八十六条の二第八項において準用する場合を含む。）の規定により一の敷地とみなされる一団地又は一定の一団の土地の区域内の建築物については、当該一団地又は区域を当該建築物の一の敷地とみなして前条の規定を適用する。

（違反建築物に対する措置）
第三十七条　市町村長は、第三十五条（第三項を除く。）の規定又は同項の規定により許可に付された条件に違反している事実があると認めるときは、当該建築物の新築若しくは増築又は維持保全をする者に対して、相当の期限を定めて、その違反を是正するために必要な措置をとるべき旨を命ずることができる。
2　国又は地方公共団体（港湾法に規定する港務局を含む。以下この項において同じ。）の建築物については、前項の規定は、適用しない。この場合において、市町村長は、国又は地方公共団体の建築物が第三十五条（第三項を除く。）の規定又は同条第三項の規定により許可に付された条件に違反している事実があると認めるときは、その旨を当該建築物を管理する機関の長に通知し、前項に規定する措置をとるべき旨を要請しなければならない。

（報告及び立入検査）
第三十八条　市町村長は、前条の規定の施行に必要な限度において、政令で定めるところにより、建築物の新築若しくは増築又は維持保全をする者に対し、建築物の緑化率の最低限度に関する基準への適合若しくは緑化施設の管理に関する事項に関し報告させ、又はその職員に、建築物若しくはその敷地若しくはそれらの工事現場に立ち入り、建築物、緑化施設、書類その他の物件を検査させることができる。
2　第十一条第三項及び第四項の規定は、前項の規定による立入検査について準用する。

第二節　地区計画等の区域内における緑化率規制

第三十九条　市町村は、地区計画等の区域（地区整備計画、特定建築物地区整備計画（密集市街地における防災街区の整備の促進に関する法律第三十二条第二項第一号に規定する特定建築物地区整備計画をいう。）、防災街区整備地区整備計画、歴史的風致維持向上地区整備計画又は沿道地区整備計画において建築物の緑化率の最低限度が定められている区域に限る。）内において、当該地区計画等の内容として定められた建築物の緑化率の最低限度を、条例で、建築物の新築又は増築及び当該新築又は増築をした建築物の維持保全に関する制限として定めることができる。

2　前項の規定に基づく条例（以下「地区計画等緑化率条例」という。以下同じ。）による制限は、建築物の利用上の必要性、当該区域内における土地利用の状況等を考慮し、緑化の推進による良好な都市環境の形成を図るため、合理的に必要と認められる限度において、政令で定める基準に従い、行うものとする。

3　地区計画等緑化率条例には、第三十七条及び前条の規定の例により、違反是正のための措置並びに報告の徴収及び立入検査をすることができる旨を定めることができる。

第三節　雑則

（緑化施設の面積の算出方法）

第四十条　建築物の緑化率の算定の基礎となる緑化施設の面積は、国土交通省令で定めるところにより算出するものとする。

（建築基準関係規定）

第四十一条　第三十五条、第三十六条及び第三十九条第一項の規定は、建築基準法第六条第一項に規定する建築基準関係規定（以下単に「建築基準関係規定」という。）とみなす。

（制限の特例）

第四十二条　第三十五条及び第三十九条第一項の規定は、次の各号のいずれかに該当する建築物については、適用しない。

一　建築基準法第三条第一項各号に掲げる建築物

二　建築基準法第八十五条第一項又は第二項に規定する応急仮設建築物であって、その建築物の工事を完了した後三月以内であるもの又は同条第三項の許可を受けたもの

三　建築基準法第八十五条第二項に規定する工事を施工するために現場に設ける事務所、下小屋、材料置場その他これらに類する仮設建築物

四　建築基準法第八十五条第六項又は第七項の許可を受けた建築物

（緑化施設の工事の認定）

第四十三条　第三十五条又は地区計画等緑化率条例の規定による規制の対象となる建築物の新築又は増築をしようとする者は、気温その他のやむを得ない理由により建築基準法第六条第一項の規定による工事の完了の日までに緑化施設に関する工事（植栽工事に係るものに限る。以下この条において同じ。）を完了することができない場合においては、国土交通省令で定めるところにより、市町村長に申し出て、その旨の認定を受けることができる。

2　建築基準法第七条第四項に規定する建築主事等又は同法第七条の二第一項の規定による指定を受けた者は、前項の認定を受けた者に対し、その検査に係る建築物及びその敷地が、緑化施設に関する工事が完了していないことを除き、建築基準関係規定に適合していることを認めた場合においては、同法第七条第五項又は第七条の二第五項の規定にかかわらず、これらの規定による検査済証を交付しなければならない。

3　前項の規定による検査済証の交付を受けた者は、第一項のやむを得ない理由がなくなつた後速やかに緑化施設に関する工事を完了しなければならない。

4　第三十七条及び第三十八条の規定は、前項の規定の違反について準用する。

（緑化施設の管理）

第四十四条　市町村は、条例で、第三十五条又は地区計画等緑化率条例の規定により設けられた緑化施設の管理の方法の基準を定めることができる。

第五章　緑地協定

（緑地協定の締結等）

第四十五条　都市計画区域又は準都市計画区域内における相当規模の一団の土地又は道路、河川等に隣接する相当の区間にわたる土地（これらの土地のうち、公共施設の用に供する土地その他の政令で定める土地を除く。）の所有者及び建築物その他の工作物の所有を目的とする地上権又は賃借権（臨時設備その他一時使用のため設定されたことが明らかなものを除く。以下「借地権等」という。）を有する者（土地区画整理法（昭和二十九年法律第百十九号）第九十八条第一項（大都市地域における住宅及び住宅地の供給の促進に関する特別措置法（昭和五十年法律第六十七号）第八十三条において準用する場合を含む。以下この項、第四十九条第一項及び第二項並びに第五十一条第一項、第二項及び第五項において同じ。）の規定により仮換地として指定された土地にあつては、当該土地に対応する従前の土地の所有者及び借地権等を有する者。以下「土地所有者等」と総称する。）は、地域の良好な環境を確保するため、その全員の合意により、当該土地の区域における緑地の保全又は緑化に関する協定（以下「緑地協定」という。）を締結することができる。ただし、当該土地（土地区画整理法第九十八条第一項の規定により仮換地として指定された土地にあつては、当該土地に対応する従前の土地）の区域内に借地権等の目的となつている土地がある場合においては、当該借地権等の目的となつている土地の所有者以外の土地所有者等の全員の合意があれば足りる。

2　緑地協定においては、次に掲げる事項を定めなければならない。

一　緑地協定の目的となる土地の区域（以下「緑地協定区域」という。）

二　次に掲げる緑地の保全又は緑化に関する事項のうち必要なもの
　イ　保全又は植栽する樹木等の種類
　ロ　樹木等を保全又は植栽する場所
　ハ　保全又は設置する垣又はさくの構造
　ニ　保全又は植栽する樹木等の管理に関する事項
　ホ　その他緑地の保全又は緑化に関する事項
三　緑地協定の有効期間
四　緑地協定に違反した場合の措置
3　緑地協定においては、前項各号に掲げるもののほか、都市計画区域又は準都市計画区域内の土地のうち、緑地協定区域に隣接した土地であつて、緑地協定区域の一部とすることにより地域の良好な環境の確保に資するものとして緑地協定区域の土地となることを当該緑地協定区域内の土地所有者等が希望するもの（以下「緑地協定区域隣接地」という。）を定めることができる。
4　第一項の規定による緑地協定は、市町村長の認可を受けなければならない。

（認可の申請に係る緑地協定の縦覧等）
第四十六条　市町村長は、前条第四項の規定による緑地協定の認可の申請があつたときは、国土交通省令で定めるところにより、その旨を公告し、当該緑地協定を当該公告の日から二週間関係人の縦覧に供さなければならない。
2　前項の規定による公告があつたときは、関係人は、同項の縦覧期間満了の日までに、当該緑地協定について、市町村長に意見書を提出することができる。

（緑地協定の認可）
第四十七条　市町村長は、第四十五条第四項の規定による緑地協定の認可の申請が、次の各号に該当するときは、当該緑地協定を認可しなければならない。
一　申請手続が法令に違反しないこと。
二　土地の利用を不当に制限するものでないこと。
三　第四十五条第二項各号に掲げる事項について国土交通省令で定める基準に適合するものであること。
四　緑地協定において緑地協定区域隣接地を定める場合には、その区域の境界が明確に定められていることその他の緑地協定区域隣接地について国土交通省令で定める基準に適合するものであること。
2　市町村長は、前項の認可をしたときは、国土交通省令で定めるところにより、その旨を公告し、かつ、当該緑地協定の写しを当該市町村の事務所に備えて公衆の縦覧に供するとともに、緑地協定区域である旨を当該区域内に明示しなければならない。

（緑地協定の変更）

第四十八条　緑地協定区域内における土地所有者等（当該緑地協定の効力が及ばない者を除く。）は、緑地協定において定めた事項を変更しようとする場合においては、その全員の合意をもつてその旨を定め、市町村長の認可を受けなければならない。

２　前二条の規定は、前項の変更の認可について準用する。

第四十九条　緑地協定区域内の土地（土地区画整理法第九十八条第一項の規定により仮換地として指定された土地にあつては、当該土地に対応する従前の土地）で当該緑地協定の効力が及ばない者の所有するものの全部又は一部について借地権等が消滅した場合においては、その借地権等の目的となつていた土地（同項の規定により仮換地として指定された土地に対応する従前の土地にあつては、当該土地についての仮換地として指定された土地）は、当該緑地協定区域から除かれるものとする。

２　緑地協定区域内の土地で土地区画整理法第九十八条第一項の規定により仮換地として指定されたものが、同法第八十六条第一項の換地計画又は大都市地域における住宅及び住宅地の供給の促進に関する特別措置法第七十二条第一項の換地計画において当該土地に対応する従前の土地についての換地として定められず、かつ、土地区画整理法第九十一条第三項（大都市地域における住宅及び住宅地の供給の促進に関する特別措置法第八十二条において準用する場合を含む。）の規定により当該土地に対応する従前の土地の所有者に対してその共有持分を与えるように定められた土地としても定められなかつたときは、当該土地は、土地区画整理法第百三条第四項（大都市地域における住宅及び住宅地の供給の促進に関する特別措置法第八十三条において準用する場合を含む。）の公告があつた日が終了した時において当該緑地協定区域から除かれるものとする。

３　前二項の規定により緑地協定区域内の土地が当該緑地協定区域から除かれた場合においては、当該借地権等を有していた者又は当該仮換地として指定されていた土地に対応する従前の土地に係る土地所有者等（当該緑地協定の効力が及ばない者を除く。）は、遅滞なく、その旨を市町村長に届け出なければならない。

４　第四十七条第二項の規定は、前項の規定による届出があつた場合その他市町村長が第一項又は第二項の規定により緑地協定区域内の土地が当該緑地協定区域から除かれたことを知つた場合について準用する。

（緑地協定の効力）

第五十条　第四十七条第二項（第四十八条第二項において準用する場合を含む。）の規定による認可の公告のあつた緑地協定は、その公告のあつた後において当該緑地協定区域内の土地所有者等となつた者（当該緑地協定について第四十五条第一項又は第四十八条第一項の規定による合意をしなかつた者の有する土地の所有権を承継した者を除く。）に対しても、その効力があるものとする。

（緑地協定の認可の公告のあつた後緑地協定に加わる手続等）

第五十一条　緑地協定区域内の土地の所有者（土地区画整理法第九十八条第一項の規定により仮換地として指定された土地にあつては、当該土地に対応する従前の土地の所有者）で当該緑地協定の効力が及ばないものは、第四十七条第二項（第四十八条第二項において準用する場合を含む。）の規定による認可の公告のあつた後いつでも、市町村長に対して書面でその意思を表示することによつて、当該緑地協定に加わることができる。

2　緑地協定区域隣接地の区域内の土地に係る土地所有者等は、第四十七条第二項（第四十八条第二項において準用する場合を含む。）の規定による認可の公告のあつた後いつでも、当該土地に係る土地所有者等の全員の合意により、市町村長に対して書面でその意思を表示することによつて、緑地協定に加わることができる。ただし、当該土地（土地区画整理法第九十八条第一項の規定により仮換地として指定された土地にあつては、当該土地に対応する従前の土地）の区域内に借地権等の目的となつている土地がある場合においては、当該借地権等の目的となつている土地の所有者以外の土地所有者等の全員の合意があれば足りる。

3　緑地協定区域隣接地の区域内の土地に係る土地所有者等で前項の意思を表示したものに係る土地の区域は、その意思の表示のあつた時以後、緑地協定区域の一部となるものとする。

4　第四十七条第二項の規定は、第一項又は第二項の規定による意思の表示があつた場合について準用する。

5　緑地協定は、第一項又は第二項の規定により当該緑地協定に加わつた者がその時において所有し、又は借地権等を有していた当該緑地協定区域内の土地（土地区画整理法第九十八条第一項の規定により仮換地として指定された土地にあつては、当該土地に対応する従前の土地）について、前項において準用する第四十七条第二項の規定による公告のあつた後において土地所有者等となつた者（当該緑地協定について第二項の規定による合意をしなかつた者の有する土地の所有権を承継した者及び前条の規定の適用がある者を除く。）に対しても、その効力があるものとする。

（緑地協定の廃止）

第五十二条　緑地協定区域内の土地所有者等（当該緑地協定の効力が及ばない者を除く。）は、第四十五条第四項又は第四十八条第一項の認可を受けた緑地協定を廃止しようとする場合においては、その過半数の合意をもつてその旨を定め、市町村長の認可を受けなければならない。

2　市町村長は、前項の認可をしたときは、その旨を公告しなければならない。

（土地の共有者等の取扱い）

第五十三条　土地又は借地権等が数人の共有に属するときは、第四十五条第一項、第四十八条第一項、第五十一条第一項及び第二項並びに前条第一項の規定の適用については、合わせて一の所有者又は借地権等を有する者とみなす。

（緑地協定の設定の特則）

第五十四条　都市計画区域又は準都市計画区域内における相当規模の一団の土地（第四十五条第一項の政令で定める土地を除く。）で、一の所有者以外に土地所有者等が存しないものの所有者は、地域の良好な環境の確保のため必要があると認めるときは、市町村長の認可を受けて、当該土地の区域を緑地協定区域とする緑地協定を定めることができる。

2　市町村長は、前項の規定による緑地協定の認可の申請が第四十七条第一項各号に該当し、かつ、当該緑地協定が地域の良好な環境の確保のため必要であると認める場合に限り、当該緑地協定を認可するものとする。

3　第四十七条第二項の規定は、市町村長が前項の規定により認可した場合について準用する。

4　第二項の規定による認可を受けた緑地協定は、認可の日から起算して三年以内において当該緑地協定区域内の土地に二以上の土地所有者等が存することとなつた時から、第四十七条第二項の規定による認可の公告のあつた緑地協定と同一の効力を有する緑地協定となる。

第六章　市民緑地

第一節　市民緑地契約

（市民緑地契約の締結等）

第五十五条　地方公共団体又は第六十九条第一項の規定により指定された緑地保全・緑化推進法人（第七十条第一号ロに掲げる業務を行うものに限る。）は、良好な都市環境の形成を図るため、都市計画区域又は準都市計画区域内における政令で定める規模以上の土地又は人工地盤、建築物その他の工作物（以下「土地等」という。）の所有者の申出に基づき、当該土地等の所有者と次に掲げる事項を定めた契約（以下「市民緑地契約」という。）を締結して、当該土地等に住民の利用に供する緑地又は緑化施設（植栽、花壇その他の緑化のための施設及びこれに附属して設けられる園路、土留その他の施設をいう。以下同じ。）を設置し、これらの緑地又は緑化施設（以下「市民緑地」という。）を管理することができる。

一　市民緑地契約の目的となる土地等の区域

二　次に掲げる事項のうち必要なもの

イ　園路、広場その他の市民緑地を利用する住民の利便のため必要な施設の整備に関する事項

ロ　市民緑地内の緑地の保全に関連して必要とされる施設の整備に関する事項

ハ　緑化施設の整備に関する事項

三　市民緑地の管理の方法に関する事項

四　市民緑地の管理期間

五　市民緑地契約に違反した場合の措置

2　地方公共団体又は前項の緑地保全・緑化推進法人は、緑地保全地域、特別緑地保全地区若しくは第四条第二項第六号の地区内の緑地の保全又は緑化地域若しくは同項第八号の地区内の緑化の推進のため必要があると認めるときは、前項の規定にかかわらず、同項の規定による土地等の所有者の申出がない場合であつても、当該地区内における同項に規定する土地等の所有者と市民緑地契約を締結して、当該土地等に市民緑地を設置し、これを管理することができる。

3　市民緑地契約の内容は、基本計画（緑地保全地域内にあつては、基本計画及び緑地保全計画。第六十一条第一項第六号において同じ。）との調和が保たれたものでなければならない。

4　市民緑地の管理期間は、一年以上で国土交通省令で定める期間以上でなければならない。
5　地方公共団体は、首都圏近郊緑地保全区域、近畿圏近郊緑地保全区域、緑地保全地域、特別緑地保全地区又は地区計画等緑地保全条例により制限を受ける区域内の土地について締結する市民緑地契約に第一項第二号ロに掲げる事項を定めようとする場合においては、あらかじめ、当該市民緑地契約の対象となる土地の区域が第一号に掲げるものである場合にあつては同号に定める者に当該事項を届け出、第二号又は第三号に掲げるものである場合にあつてはそれぞれ第二号又は第三号に定める者と当該事項について協議しその同意を得なければならない。
一　首都圏近郊緑地保全区域（緑地保全地域及び特別緑地保全地区を除く。以下同じ。）内の土地の区域　都府県知事（当該土地が地方自治法（昭和二十二年法律第六十七号）第二百五十二条の十九第一項の指定都市（以下「指定都市」という。）の区域内に存する場合にあつては、当該指定都市の長）
二　緑地保全地域（地区計画等緑地保全条例により制限を受ける区域を除く。第八項第二号において同じ。）及び特別緑地保全地区内の土地の区域　都道府県知事等
三　地区計画等緑地保全条例により制限を受ける区域内の土地の区域　市町村長
6　首都圏保全法第七条第二項の規定は首都圏近郊緑地保全区域内の土地について前項の規定による届出があつた場合について、近畿圏保全法第八条第二項の規定は近畿圏近郊緑地保全区域内の土地について前項の規定による届出があつた場合について準用する。
7　第一項の緑地保全・緑化推進法人は、首都圏近郊緑地保全区域、近畿圏近郊緑地保全区域、緑地保全地域、特別緑地保全地区又は地区計画等緑地保全条例により制限を受ける区域内の土地について締結する市民緑地契約に同項第二号ロに掲げる事項を定めようとする場合においては、当該事項について、あらかじめ、当該市民緑地契約の対象となる土地の区域が第五項第一号に掲げるものである場合にあつては同号に定める者と協議し、同項第二号又は第三号に掲げるものである場合にあつてはそれぞれ同項第二号又は第三号に定める者と協議しその同意を得なければならない。
8　第五項の規定は、次に掲げる場合には、適用しない。
一　首都圏近郊緑地保全区域又は近畿圏近郊緑地保全区域内において、都道府県又は指定都市がそれぞれ当該都道府県又は当該指定都市の区域内の土地について市民緑地契約を締結する場合
二　緑地保全地域又は特別緑地保全地区内において、都道府県が当該都道府県の区域（市の区域を除く。）内の土地について、又は市が当該市の区域内の土地についてそれぞれ市民緑地契約を締結する場合
三　地区計画等緑地保全条例により制限を受ける区域内において、市町村が当該市町村の区域内の土地について市民緑地契約を締結する場合
9　地方公共団体又は第一項の緑地保全・緑化推進法人は、市民緑地契約を締結したときは、国土交通省令で定めるところにより、その旨を公告し、かつ、市民緑地の区域である旨を当該区域内に明示しなければならない。

（国の補助）
第五十六条　国は、市民緑地契約に基づき地方公共団体が行う市民緑地を利用する住民の利便のために必要な施設及び市民緑地内の緑地の保全に関連して必要とされる施設の整備に要する費用については、予算の範囲内において、政令で定めるところにより、その一部を補助することがで

きる。

（国等の援助）

第五十七条　国及び地方公共団体は、市民緑地の適切な管理を図るため、市民緑地の設置及び管理を行う地方公共団体又は第五十五条第一項の緑地保全・緑化推進法人に対し、必要な助言、指導その他の援助を行うよう努めるものとする。

（首都圏保全法等の特例）

第五十八条　首都圏近郊緑地保全区域内において行う行為で、市民緑地契約において定められた当該市民緑地内の緑地の保全に関連して必要とされる施設の整備に関する事項に従つて行うものについては、首都圏保全法第七条第一項及び第二項の規定は、適用しない。

2　近畿圏近郊緑地保全区域内において行う行為で、市民緑地契約において定められた当該市民緑地内の緑地の保全に関連して必要とされる施設の整備に関する事項に従つて行うものについては、近畿圏保全法第八条第一項及び第二項の規定は、適用しない。

（都市の美観風致を維持するための樹木の保存に関する法律の特例の準用）

第五十九条　第三十条の規定は、第五十五条第一項の緑地保全・緑化推進法人が管理する市民緑地内の樹木又は樹木の集団で都市の美観風致を維持するための樹木の保存に関する法律第二条第一項の規定に基づき保存樹又は保存樹林として指定されたものについて準用する。

第二節　市民緑地設置管理計画の認定

（市民緑地設置管理計画の認定）

第六十条　緑化地域又は第四条第二項第八号の地区内の土地等に市民緑地を設置し、これを管理しようとする者は、国土交通省令で定めるところにより、当該市民緑地の設置及び管理に関する計画（以下「市民緑地設置管理計画」という。）を作成し、市町村長の認定を申請することができる。

2　市民緑地設置管理計画には、次に掲げる事項を記載しなければならない。

一　市民緑地を設置する土地等の区域及びその面積

二　市民緑地を設置するに当たり整備する次に掲げる施設の概要、規模及び配置

イ　緑化施設

ロ　園路、広場その他の市民緑地を利用する住民の利便のため必要な施設

ハ　市民緑地内の緑地の保全に関連して必要とされる施設

三　市民緑地の管理の方法

四　市民緑地の管理期間

五　市民緑地の設置及び管理の資金計画
六　その他国土交通省令で定める事項

（市民緑地設置管理計画の認定基準等）
第六十一条　市町村長は、前条第一項の規定による認定の申請があつた場合において、当該申請に係る市民緑地設置管理計画が次に掲げる基準（当該市民緑地設置管理計画が町村の区域内における市民緑地の設置及び管理に係るものである場合にあつては、第八号に掲げる基準を除く。）に適合すると認めるときは、その認定をすることができる。
一　市民緑地を設置する土地等の区域の周辺の地域において、良好な都市環境の形成に必要な緑地が不足していること。
二　市民緑地を設置する土地等の区域の面積が、国土交通省令で定める規模以上であること。
三　市民緑地を設置するに当たり整備する緑化施設の面積の前号に規定する面積に対する割合が、国土交通省令で定める割合以上であること。
四　市民緑地の管理の方法が、市民緑地の管理が適切に行われるために必要なものとして国土交通省令で定める基準に適合するものであること。
五　市民緑地の管理期間が、一年以上で国土交通省令で定める期間以上であること。
六　市民緑地設置管理計画の内容が、基本計画と調和が保たれ、かつ、良好な都市環境の形成に貢献するものであること。
七　市民緑地設置管理計画を遂行するために必要な経済的基礎及びこれを的確に遂行するために必要なその他の能力が十分であること。
八　市民緑地設置管理計画に記載された前条第二項第二号イ又はロに掲げる施設の整備に係る行為が、特別緑地保全地区内において行う行為であつて第十四条第一項の許可を受けなければならないものである場合には、当該施設の整備に関する事項が同条第二項の規定により当該許可をしてはならない場合に該当しないこと。
九　その他市民緑地の設置及び管理が適正かつ確実に実施されるものとして国土交通省令で定める基準に適合するものであること。
2　前項第三号の緑化施設の面積は、国土交通省令で定めるところにより算出するものとする。
3　市町村長は、第一項の認定をしようとする場合において、その申請に係る市民緑地設置管理計画に記載された前条第二項第二号イからハまでに掲げる施設の整備に係る行為が次の各号に掲げる行為のいずれかに該当するときは、当該市民緑地設置管理計画について、あらかじめ、それぞれ当該各号に定める者に協議し、当該施設の整備に係る行為が第二号又は第三号に掲げる行為のいずれかに該当するものである場合にあつては、その同意を得なければならない。
一　指定都市以外の市町村の区域内の首都圏近郊緑地保全区域又は近畿圏近郊緑地保全区域内において行う行為であつて、首都圏保全法第七条第一項又は近畿圏保全法第八条第一項の規定による届出をしなければならないもの　都府県知事
二　町村の区域内の緑地保全地域内において行う行為であつて、第八条第一項の規定による届出をしなければならないもの　都道府県知事
三　町村の区域内の特別緑地保全地区内において行う行為であつて、第十四条第一項の許可を受けなければならないもの　都道府県知事
4　都道府県知事は、前項第三号に掲げる行為に係る市民緑地設置管理計画についての協議があつた場合において、当該協議に係る前条第二項第二号イ又はロに掲げる施設の整備に係る行為が、第十四条第二項の規定により同条第一項の許可をしてはならない場合に該当しないと認めるときは、前項の同意をするものとする。

5　市町村長は、第一項の認定をしたときは、国土交通省令で定めるところにより、その旨及び当該認定に係る市民緑地の区域を公告しなければならない。

（市民緑地設置管理計画の変更）

第六十二条　前条第一項の認定を受けた者（以下「認定事業者」という。）は、当該認定を受けた市民緑地設置管理計画の変更（国土交通省令で定める軽微な変更を除く。）をしようとするときは、国土交通省令で定めるところにより、市町村長の認定を受けなければならない。

2　前条の規定は、前項の認定について準用する。

（報告の徴収）

第六十三条　市町村長は、認定事業者に対し、第六十一条第一項の認定を受けた市民緑地設置管理計画（変更があつたときは、その変更後のもの。以下「認定計画」という。）に係る市民緑地の設置及び管理の状況について報告を求めることができる。

（改善命令）

第六十四条　市町村長は、認定事業者が認定計画に従つて市民緑地の設置及び管理を行つていないと認めるときは、当該認定事業者に対し、相当の期間を定めて、その改善に必要な措置をとるべきことを命ずることができる。

（認定の取消し）

第六十五条　市町村長は、認定事業者が前条の規定による命令に違反したときは、第六十一条第一項の認定を取り消すことができる。

（首都圏保全法等の特例）

第六十六条　認定事業者が認定計画に従つて首都圏近郊緑地保全区域内において第六十条第二項第二号イからハまでに掲げる施設を整備するため行う行為については、首都圏保全法第七条第一項及び第二項の規定は、適用しない。

2　認定事業者が認定計画に従つて近畿圏近郊緑地保全区域内において第六十条第二項第二号イからハまでに掲げる施設を整備するため行う行為については、近畿圏保全法第八条第一項及び第二項の規定は、適用しない。

3　認定事業者が認定計画に従つて緑地保全地域内において第六十条第二項第二号イからハまでに掲げる施設を整備するため行う行為については、第八条第一項及び第二項の規定は、適用しない。

4　認定事業者が認定計画に従つて特別緑地保全地区内において第六十条第二項第二号イ又はロに掲げる施設を整備するため第十四条第一項の許可を受けなければならない行為を行う場合には、当該許可があつたものとみなす。

5　認定事業者が認定計画に従つて特別緑地保全地区内において第六十条第二項第二号ハに掲げる施設を整備するため行う行為については、第十四条第一項から第七項までの規定は、適用しない。

（認定市民緑地の管理）
第六十七条　地方公共団体又は第六十九条第一項の規定により指定された緑地保全・緑化推進法人（第七十条第一号ロに掲げる業務を行うものに限る。）は、認定事業者との契約に基づき、認定計画に従つて設置された市民緑地（次条において「認定市民緑地」という。）を管理することができる。

（都市の美観風致を維持するための樹木の保存に関する法律の特例の準用）
第六十八条　第三十条の規定は、前条の緑地保全・緑化推進法人が同条の規定に基づき管理する認定市民緑地内の樹木又は樹木の集団で都市の美観風致を維持するための樹木の保存に関する法律第二条第一項の規定に基づき保存樹又は保存樹林として指定されたものについて準用する。

第七章　緑地保全・緑化推進法人

（指定）
第六十九条　市町村長は、特定非営利活動促進法（平成十年法律第七号）第二条第二項に規定する特定非営利活動法人、一般社団法人若しくは一般財団法人その他の営利を目的としない法人又は都市における緑地の保全及び緑化の推進を図ることを目的とする会社であつて、次条各号に掲げる業務を適正かつ確実に行うことができると認められるものを、その申請により、緑地保全・緑化推進法人（以下「推進法人」という。）として指定することができる。
2　市町村長は、前項の規定による指定をしたときは、当該推進法人の名称、住所及び事務所の所在地を公示しなければならない。
3　推進法人は、その名称、住所又は事務所の所在地を変更しようとするときは、あらかじめ、その旨を市町村長に届け出なければならない。
4　市町村長は、前項の規定による届出があつたときは、当該届出に係る事項を公示しなければならない。

（業務）
第七十条　推進法人は、当該市町村の区域内において、次に掲げる業務を行うものとする。
一　次のいずれかに掲げる業務
イ　管理協定に基づく緑地の管理を行うこと。
ロ　市民緑地の設置及び管理を行うこと。
ハ　主として都市計画区域内の緑地の買取り及び買い取つた緑地の保全を行うこと。
二　緑地の保全及び緑化の推進に関する情報又は資料を収集し、及び提供すること。
三　緑地の保全及び緑化の推進に関し必要な助言及び指導を行うこと。
四　緑地の保全及び緑化の推進に関する調査及び研究を行うこと。

五　前各号に掲げる業務に附帯する業務を行うこと。

（地方公共団体との連携）

第七十一条　推進法人は、地方公共団体との密接な連携の下に前条第一号に掲げる業務を行わなければならない。

（改善命令）

第七十二条　市町村長は、推進法人の業務の運営に関し改善が必要であると認めるときは、推進法人に対し、その改善に必要な措置をとるべきことを命ずることができる。

（指定の取消し等）

第七十三条　市町村長は、推進法人が前条の規定による命令に違反したときは、その指定を取り消すことができる。

２　市町村長は、前項の規定により指定を取り消したときは、その旨を公示しなければならない。

（情報の提供等）

第七十四条　国及び地方公共団体は、推進法人に対し、その業務の実施に関し必要な情報の提供又は指導及び助言を行うものとする。

第八章　雑則

（経過措置）

第七十五条　この法律の規定に基づき政令又は国土交通省令を制定し、又は改廃する場合においては、それぞれ、政令又は国土交通省令で、その制定又は改廃に伴い合理的に必要とされる範囲内において、所要の経過措置（罰則に関する経過措置を含む。）を定めることができる。

第九章　罰則

第七十六条　第九条第一項（第十五条において準用する場合を含む。）又は第三十七条第一項（第四十三条第四項において準用する場合を含む。）の規定による命令に違反した者は、一年以下の懲役又は五十万円以下の罰金に処する。

第七十七条　次の各号のいずれかに該当する者は、六月以下の懲役又は三十万円以下の罰金に処する。

一　第十四条第一項の規定に違反した者

二　第十四条第三項の規定により許可に付された条件に違反した者

第七十八条　次の各号のいずれかに該当する者は、三十万円以下の罰金に処する。
一　第七条第三項（第十三条において準用する場合を含む。）又は第八条第五項の規定に違反した者
二　第八条第一項の規定による届出をせず、又は虚偽の届出をした者
三　第八条第二項の規定による都道府県知事等の命令又は第七十二条の規定による市町村長の命令に違反する行為をした者
四　第十一条第一項（第十九条において読み替えて準用する場合を含む。）、第三十八条第一項（第四十三条第四項において準用する場合を含む。）又は第六十三条の規定による報告をせず、又は虚偽の報告をした者
五　第十一条第二項（第十九条において読み替えて準用する場合を含む。）の規定による立入検査若しくは立入調査又は第三十八条第一項（第四十三条第四項において準用する場合を含む。）の規定による立入検査を拒み、妨げ、又は忌避した者

第七十九条　法人の代表者又は法人若しくは人の代理人、使用人その他の従業者が、その法人又は人の業務又は財産に関して前三条の違反行為をしたときは、行為者を罰するほか、その法人又は人に対して各本条の罰金刑を科する。

第八十条　地区計画等緑地保全条例、地区計画等緑化率条例又は第四十四条の規定に基づく条例には、これに違反した者に対し、三十万円以下の罰金に処する旨の規定を設けることができる。

○　古都における歴史的風土の保存に関する特別措置法（昭和四十一年法律第一号）（抄）

（歴史的風土保存計画）
第五条　国土交通大臣は、歴史的風土保存区域の指定をしたときは、関係地方公共団体及び社会資本整備審議会の意見を聴くとともに、関係行政機関の長に協議して、当該歴史的風土保存区域について、歴史的風土の保存に関する計画（以下「歴史的風土保存計画」という。）を決定しなければならない。この場合において、国土交通大臣は、関係地方公共団体から意見の申出を受けたときは、遅滞なくこれに回答するものとする。
2　歴史的風土保存計画には、次の事項を定めなければならない。
一～三　（略）
四　第十一条の規定による土地の買入れに関する事項
3・4　（略）

（歴史的風土特別保存地区に関する都市計画）
第六条　歴史的風土保存区域内において歴史的風土の保存上当該歴史的風土保存区域の枢要な部分を構成している地域については、歴史的風土保

存計画に基づき、都市計画に歴史的風土特別保存地区（以下「特別保存地区」という。）を定めることができる。
2・3　（略）

（歴史的風土保存区域内における行為の届出）
第七条　歴史的風土保存区域（特別保存地区を除く。）内において、次の各号に掲げる行為をしようとする者は、政令で定めるところにより、あらかじめ府県知事にその旨を届け出なければならない。ただし、通常の管理行為、軽易な行為その他の行為で政令で定めるもの及び非常災害のため必要な応急措置として行なう行為については、この限りでない。
一　建築物その他の工作物の新築、改築又は増築
二　宅地の造成、土地の開墾その他の土地の形質の変更
三　木竹の伐採
四　土石の類の採取
五　前各号に掲げるもののほか、歴史的風土の保存に影響を及ぼすおそれのある行為で政令で定めるもの
2・3　（略）

（特別保存地区の特例）
第七条の二　第二条第一項の規定に基づき古都として定められた市町村のうち、当該市町村における歴史的風土がその区域の全部にわたつて良好に維持されており、特に、その区域の全部を第六条第一項の特別保存地区に相当する地区として都市計画に定めて保存する必要がある市町村については、別に法律で定めるところにより、第四条から前条までの規定の特例を設けることができる。この場合において、当該都市計画に定められた地区についてのこの法律の規定（第四条から前条までの規定を除く。）の適用については、当該地区は、第六条第一項の特別保存地区とする。

（特別保存地区内における行為の制限）
第八条　特別保存地区内においては、次の各号に掲げる行為は、府県知事の許可を受けなければ、してはならない。ただし、通常の管理行為、軽易な行為その他の行為で政令で定めるもの、非常災害のため必要な応急措置として行なう行為及び当該特別保存地区に関する都市計画が定められた際すでに着手している行為については、この限りでない。
一～七　（略）
2・3　（略）
4　国土交通大臣は、第一項又は第二項の政令の制定又は改廃の立案をしようとするときは、あらかじめ社会資本整備審議会の意見を聴かなければならない。
5～7　（略）

8　国の機関が行なう行為については、第一項の許可を受けることを要しない。この場合において、当該国の機関は、その行為をしようとするときは、あらかじめ府県知事に協議しなければならない。

（損失の補償）

第九条　前条第一項の許可を得ることができないため損失を受けた者がある場合においては、府県は、その損失を受けた者に対して通常生ずべき損失を補償しなければならない。ただし、次の各号の一に該当する場合における当該許可の申請に係る行為については、この限りでない。

一　前条第一項の許可の申請に係る行為について、第十条に規定する法律（これに基づく命令を含む。以下この号において同じ。）の規定により許可を必要とされている場合において、当該法律の規定により不許可の処分がなされたとき。

二　（略）

2・3　（略）

（行為の禁止又は制限に関する他の法律の適用）

第十条　第七条及び第八条の規定は、歴史的風土保存区域内における工作物の新築、改築又は増築、土地の形質の変更その他の行為についての禁止又は制限に関する都市計画法（昭和四十三年法律第百号）、建築基準法（昭和二十五年法律第二百一号）、文化財保護法（昭和二十五年法律第二百十四号）、奈良国際文化観光都市建設法（昭和二十五年法律第二百五十号）、京都国際文化観光都市建設法（昭和二十五年法律第二百五十一号）その他の法律（これらに基づく命令を含む。）の規定の適用を妨げるものではない。

（土地の買入れ）

第十一条　府県は、特別保存地区内の土地で歴史的風土の保存上必要があると認めるものについて、当該土地の所有者から第八条第一項の許可を得ることができないためその土地の利用に著しい支障をきたすこととなることにより当該土地を府県において買い入れるべき旨の申出があつた場合においては、当該土地を買い入れるものとする。

2　前項の規定による買入れをする場合における土地の価額は、時価によるものとし、政令で定めるところにより、評価基準に基づいて算定しなければならない。

（買い入れた土地の管理）

第十二条　府県は、前条の規定により買い入れた土地については、この法律の目的に適合するように管理しなければならない。

（歴史的風土保存計画の実施に要する経費）

第十三条　国は、歴史的風土保存計画を実施するため必要な資金の確保を図り、かつ、国の財政の許す範囲内において、その実施を促進することに努めなければならない。

（費用の負担及び補助）
第十四条　国は、第九条の規定による損失の補償及び第十一条の規定による土地の買入れに要する費用については、政令で定めるところにより、その一部を負担する。
2　国は、地方公共団体が歴史的風土保存計画に基づいて行なう歴史的風土の維持保存及び施設の整備に要する費用については、予算の範囲内において、政令で定めるところにより、当該地方公共団体に対し、その一部を補助することができる。

第十五条　削除

（社会資本整備審議会の調査審議等）
第十六条　社会資本整備審議会は、国土交通大臣又は関係各大臣の諮問に応じ、歴史的風土の保存に関する重要事項を調査審議する。
2・3　（略）

第十七条　削除

（報告、立入調査等）
第十八条　府県知事は、歴史的風土の保存のため必要があると認めるときは、その必要な限度において、特別保存地区内の土地の所有者その他の関係者に対して、第八条第一項各号に掲げる行為の実施状況その他必要な事項について報告を求めることができる。
2　府県知事は、第八条第一項、第五項又は第六項前段の規定による権限を行うため必要があると認めるときは、その必要な限度において、その職員をして、特別保存地区内の土地に立ち入り、その状況を調査させ、又は同条第一項各号に掲げる行為の実施状況を検査させることができる。
3・4　（略）

（大都市の特例）
第十九条　この法律中府県が処理することとされている事務は、地方自治法（昭和二十二年法律第六十七号）第二百五十二条の十九第一項の指定都市（以下この条において「指定都市」という。）においては、指定都市が処理するものとする。この場合においては、この法律中府県に関する規定は、指定都市に関する規定として指定都市に適用があるものとする。

（罰則）
第二十条　第八条第六項前段の規定による命令に違反した者は、一年以下の懲役又は十万円以下の罰金に処する。

第二十一条　次の各号の一に該当する者は、六月以下の懲役又は五万円以下の罰金に処する。
一　第八条第一項の規定に違反した者
二　第八条第五項の規定により許可に付せられた条件に違反した者

第二十二条　次の各号の一に該当する者は、一万円以下の罰金に処する。
一　第六条第二項の規定により設置した標識を移動し、汚損し、又は破壊した者
二　第十八条第一項の規定による報告をせず、又は虚偽の報告をした者
三　第十八条第二項の規定による立入調査又は立入検査を拒み、妨げ、又は忌避した者

第二十三条　第七条第一項の規定による届出をせず、又は虚偽の届出をした者は、一万円以下の過料に処する。

第二十四条　法人の代表者又は法人若しくは人の代理人、使用人その他の従業者がその法人又は人の業務又は財産に関して第二十条から第二十二条までに規定する違反行為をしたときは、行為者を罰するほか、その法人又は人に対して各本条の罰金刑を科する。

○　都市開発資金の貸付けに関する法律（昭和四十一年法律第二十号）（抄）

（都市開発資金の貸付け）
第一条　（略）
2・3　（略）
4　（略）
一～四　（略）
五　土地区画整理事業（前各号に規定する土地区画整理事業で、施行地区の面積、公共施設の種類及び規模等がそれぞれ当該各号の政令で定める基準に適合するものに限る。）の施行者（土地区画整理法第二条第三項に規定する施行者をいう。以下この条及び次条第五項において同じ。）が、保留地（同法第九十六条第一項又は第二項の規定により換地として定めない土地をいう。以下この号及び次条第五項において同じ。）の全部又は一部を、国土交通省令で定めるところにより公募して譲渡しようとしたにもかかわらず譲渡することができなかつた場合において、次のいずれかに該当する者が出資している法人で政令で定めるものに取得させるときの当該法人に対する当該保留地の全部又は一部の取得に必要な費用で政令で定める範囲内のものに充てるための無利子の資金の貸付け
イ～ハ　（略）
5　国は、地方公共団体に対し、土地区画整理組合が国土交通省令で定める土地区画整理事業の施行の推進を図るための措置を講じたにもかかわ

らず、その施行する土地区画整理事業を遂行することができないと認められるに至つた場合において、当該地方公共団体が、その施行地区となつている区域について新たに施行者となり、土地区画整理法第百二十八条第二項の規定により当該土地区画整理組合から引き継いで施行することとなつた土地区画整理事業（前項第一号から第四号までに規定する土地区画整理事業で、施行地区の面積、公共施設の種類及び規模等がそれぞれ当該各号の政令で定める基準に適合するものに限る。）に要する費用で政令で定める範囲内のものに充てる資金を貸し付けることができる。
6～8　（略）
9　国は、民間都市開発の推進に関する特別措置法（昭和六十二年法律第六十二号。以下「民間都市開発法」という。）第三条第一項の規定により指定された民間都市開発推進機構（以下「民間都市機構」という。）に対し、同法第四条第一項第一号及び第二号に掲げる業務に要する資金の一部を貸し付けることができる。

（利率、償還方法等）
第二条　（略）
2　前条第三項から第七項まで又は第九項の規定による貸付金は、無利子とする。
3～8　（略）
9　前条第六項の規定による貸付金の償還期間は、十年（四年以内の据置期間を含む。）以内とし、その償還は、均等半年賦償還の方法によるものとする。
10　前条第七項又は第九項の規定による貸付金の償還期間は、二十年（同条第七項の規定による貸付金にあつては十年以内の、同条第九項の規定による貸付金にあつては五年以内の据置期間を含む。）以内とし、その償還は、均等半年賦償還の方法によるものとする。
11　国は、前条第九項の規定による貸付金で民間都市開発法第四条第一項第一号に掲げる業務に要する資金に係るものについて民間都市機構が当該貸付金を充てて負担した費用の償還方法を勘案し特に必要があると認めるときは、前項の規定にかかわらず、その償還を、一括償還の方法によるものとすることができる。この場合においては、その償還期間は、十年以内とする。

○　都市計画法（昭和四十三年法律第百号）（抄）

（定義）
第四条　（略）
2　この法律において「都市計画区域」とは次条の規定により指定された区域を、「準都市計画区域」とは第五条の二の規定により指定された区域をいう。
3～8　（略）
9　この法律において「地区計画等」とは、第十二条の四第一項各号に掲げる計画をいう。

10～16　（略）

（都市計画区域の整備、開発及び保全の方針）

第六条の二　都市計画区域については、都市計画に、当該都市計画区域の整備、開発及び保全の方針を定めるものとする。

２・３　（略）

（都市施設）

第十一条　都市計画区域については、都市計画に、次に掲げる施設を定めることができる。この場合において、特に必要があるときは、当該都市計画区域外においても、これらの施設を定めることができる。

一　（略）

二　公園、緑地、広場、墓園その他の公共空地

三～十五　（略）

２～７　（略）

（地区計画等）

第十二条の四　都市計画区域については、都市計画に、次に掲げる計画を定めることができる。

一　地区計画

二　密集市街地整備法第三十二条第一項の規定による防災街区整備地区計画

三　地域における歴史的風致の維持及び向上に関する法律（平成二十年法律第四十号）第三十一条第一項の規定による歴史的風致維持向上地区計画

四　幹線道路の沿道の整備に関する法律（昭和五十五年法律第三十四号）第九条第一項の規定による沿道地区計画

五　集落地域整備法（昭和六十二年法律第六十三号）第五条第一項の規定による集落地区計画

２　（略）

（都市計画基準）

第十三条　都市計画区域について定められる都市計画（区域外都市施設に関するものを含む。次項において同じ。）は、国土形成計画、首都圏整備計画、近畿圏整備計画、中部圏開発整備計画、北海道総合開発計画、沖縄振興計画その他の国土計画又は地方計画に関する法律に基づく計画（当該都市について公害防止計画が定められているときは、当該公害防止計画を含む。第三項において同じ。）及び道路、河川、鉄道、港湾、空港等の施設に関する国の計画に適合するとともに、当該都市の特質を考慮して、次に掲げるところに従つて、土地利用、都市施設の整備及び市街地開発事業に関する事項で当該都市の健全な発展と秩序ある整備を図るため必要なものを、一体的かつ総合的に定めなければならない。こ

の場合においては、当該都市における自然的環境の整備又は保全に配慮しなければならない。
一～二十　（略）
2　（略）
3　準都市計画区域について定められる都市計画は、第一項に規定する国土計画若しくは地方計画又は施設に関する国の計画に適合するとともに、地域の特質を考慮して、次に掲げるところに従つて、土地利用の整序又は環境の保全を図るため必要な事項を定めなければならない。この場合においては、当該地域における自然的環境の整備又は保全及び農林漁業の生産条件の整備に配慮しなければならない。
一・二　（略）
4～6　（略）

（公聴会の開催等）
第十六条　都道府県又は市町村は、次項の規定による場合を除くほか、都市計画の案を作成しようとする場合において必要があると認めるときは、公聴会の開催等住民の意見を反映させるために必要な措置を講ずるものとする。
2　都市計画に定める地区計画等の案は、意見の提出方法その他の政令で定める事項について条例で定めるところにより、その案に係る区域内の土地の所有者その他政令で定める利害関係を有する者の意見を求めて作成するものとする。
3　市町村は、前項の条例において、住民又は利害関係人から地区計画等に関する都市計画の決定若しくは変更又は地区計画等の案の内容となるべき事項を申し出る方法を定めることができる。

（都市計画の案の縦覧等）
第十七条　都道府県又は市町村は、都市計画を決定しようとするときは、あらかじめ、国土交通省令で定めるところにより、その旨を公告し、当該都市計画の案を、当該都市計画を決定しようとする理由を記載した書面を添えて、当該公告の日から二週間公衆の縦覧に供しなければならない。
2　前項の規定による公告があつたときは、関係市町村の住民及び利害関係人は、同項の縦覧期間満了の日までに、縦覧に供された都市計画の案について、都道府県の作成に係るものにあつては都道府県に、市町村の作成に係るものにあつては市町村に、意見書を提出することができる。
3～5　（略）

（市町村の都市計画に関する基本的な方針）
第十八条の二　市町村は、議会の議決を経て定められた当該市町村の建設に関する基本構想並びに都市計画区域の整備、開発及び保全の方針に即し、当該市町村の都市計画に関する基本的な方針（以下この条において「基本方針」という。）を定めるものとする。
2～4　（略）

（市町村の都市計画の決定）
第十九条　市町村は、市町村都市計画審議会（当該市町村に市町村都市計画審議会が置かれていないときは、当該市町村の存する都道府県の都道府県都市計画審議会）の議を経て、都市計画を決定するものとする。
2　（略）
3　市町村は、都市計画区域又は準都市計画区域について都市計画（都市計画区域について定めるものにあつては区域外都市施設に関するものを含み、地区計画等にあつては当該都市計画に定めようとする事項のうち政令で定める地区施設の配置及び規模その他の事項に限る。）を決定しようとするときは、あらかじめ、都道府県知事に協議しなければならない。
4　都道府県知事は、一の市町村の区域を超える広域の見地からの調整を図る観点又は都道府県が定め、若しくは定めようとする都市計画との適合を図る観点から、前項の協議を行うものとする。
5　都道府県知事は、第三項の協議を行うに当たり必要があると認めるときは、関係市町村に対し、資料の提出、意見の開陳、説明その他必要な協力を求めることができる。

（都市計画の変更）
第二十一条　（略）
2　第十七条から第十八条まで及び前二条の規定は、都市計画の変更（第十七条、第十八条第二項及び第三項並びに第十九条第二項及び第三項の規定については、政令で定める軽易な変更を除く。）について準用する。この場合において、施行予定者を変更する都市計画の変更については、第十七条第五項中「当該施行予定者」とあるのは、「変更前後の施行予定者」と読み替えるものとする。

（都市計画の決定等の提案）
第二十一条の二　都市計画区域又は準都市計画区域のうち、一体として整備し、開発し、又は保全すべき土地の区域としてふさわしい政令で定める規模以上の一団の土地の区域について、当該土地の所有権又は建物の所有を目的とする対抗要件を備えた地上権若しくは賃借権（臨時設備その他一時使用のため設定されたことが明らかなものを除く。以下「借地権」という。）を有する者（以下この条において「土地所有者等」という。）は、一人で、又は数人共同して、都道府県又は市町村に対し、都市計画（都市計画区域の整備、開発及び保全の方針並びに都市再開発方針等に関するものを除く。次項及び第七十五条の九第一項において同じ。）の決定又は変更をすることを提案することができる。この場合においては、当該提案に係る都市計画の素案を添えなければならない。
2　まちづくりの推進を図る活動を行うことを目的とする特定非営利活動促進法（平成十年法律第七号）第二条第二項の特定非営利活動法人、一般社団法人若しくは一般財団法人その他の営利を目的としない法人、独立行政法人都市再生機構、地方住宅供給公社若しくはまちづくりの推進に関し経験と知識を有するものとして国土交通省令で定める団体又はこれらに準ずるものとして地方公共団体の条例で定める団体は、前項に規定する土地の区域について、都道府県又は市町村に対し、都市計画の決定又は変更をすることを提案することができる。同項後段の規定は、この場合について準用する。

3　前二項の規定による提案（以下「計画提案」という。）は、次に掲げるところに従つて、国土交通省令で定めるところにより行うものとする。
一　（略）
二　当該計画提案に係る都市計画の素案の対象となる土地（国又は地方公共団体の所有している土地で公共施設の用に供されているものを除く。以下この号において同じ。）の区域内の土地所有者等の三分の二以上の同意（同意した者が所有するその区域内の土地の地積と同意した者が有する借地権の目的となつているその区域内の土地の地積の合計が、その区域内の土地の総地積と借地権の目的となつている土地の総地積との合計の三分の二以上となる場合に限る。）を得ていること。

（国土交通大臣の定める都市計画）
第二十二条　二以上の都府県の区域にわたる都市計画区域に係る都市計画は、国土交通大臣及び市町村が定めるものとする。この場合においては、第十五条、第十五条の二、第十七条第一項及び第二項、第二十一条第一項、第二十一条の二第一項及び第二項並びに第二十一条の三中「都道府県」とあり、並びに第十九条第三項から第五項までの規定中「都道府県知事」とあるのは「国土交通大臣」と、第十七条の二中「都道府県又は市町村」とあるのは「市町村」と、第十八条第一項及び第二項中「都道府県は」とあるのは「国土交通大臣は」と、第十九条第四項中「都道府県が」とあるのは「国土交通大臣が」と、第二十条第一項、第二十一条の四及び前条中「都道府県又は」とあるのは「国土交通大臣又は」と、第二十条第一項中「都道府県にあつては関係市町村長」とあるのは「国土交通大臣にあつては関係都府県知事及び関係市町村長」と、「都道府県知事」とあるのは「国土交通大臣及び都府県知事」とする。
2・3　（略）

（施行者）
第五十九条　都市計画事業は、市町村が、都道府県知事（第一号法定受託事務として施行する場合にあつては、国土交通大臣）の認可を受けて施行する。
2・3　（略）
4　国の機関、都道府県及び市町村以外の者は、事業の施行に関して行政機関の免許、許可、認可等の処分を必要とする場合においてこれらの処分を受けているとき、その他特別な事情がある場合においては、都道府県知事の認可を受けて、都市計画事業を施行することができる。
5　（略）
6　国土交通大臣又は都道府県知事は、第一項から第四項までの規定による認可又は承認をしようとする場合において、当該都市計画事業が、用排水施設その他農用地の保全若しくは利用上必要な公共の用に供する施設を廃止し、若しくは変更するものであるとき、又はこれらの施設の管理、新設若しくは改良に係る土地改良事業計画に影響を及ぼすおそれがあるものであるときは、当該都市計画事業について、当該施設を管理する者又は当該土地改良事業計画による事業を行う者の意見をきかなければならない。ただし、政令で定める軽易なものについては、この限りでない。
7　（略）

（都市計画協力団体による都市計画の決定等の提案）
第七十五条の九　（略）
2　第二十一条の二第三項及び第二十一条の三から第二十一条の五までの規定は、前項の規定による提案について準用する。

○　都市再生特別措置法（平成十四年法律第二十二号）（抄）

（都市再生整備計画）

第四十六条　市町村は、単独で又は共同して、都市の再生に必要な公共公益施設の整備等を重点的に実施すべき土地の区域において、都市再生基本方針（当該区域が都市再生緊急整備地域内にあるときは、都市再生基本方針及び当該都市再生緊急整備地域の地域整備方針。第八十一条第一項及び第百十九条第一号イにおいて同じ。）に基づき、当該公共公益施設の整備等に関する計画（以下「都市再生整備計画」という。）を作成することができる。

2～29

（滞在快適性等向上公園施設の設置又は管理の許可等）
第六十二条の五　公園施設設置管理協定を締結した一体型事業実施主体等（以下「協定一体型事業実施主体等」という。）は、当該公園施設設置管理協定（変更があったときは、その変更後のもの。以下同じ。）に従って、滞在快適性等向上公園施設の設置又は管理、特定公園施設の建設、公園利便増進施設等の設置及び都市公園の環境の維持向上のための清掃等（第百十九条第六号において「滞在快適性等向上公園施設の設置等」という。）をしなければならない。
2～4　（略）

（民間都市再生整備事業計画の認定）
第六十三条　都市再生整備計画の区域内における都市開発事業であって、当該都市開発事業を施行する土地（水面を含む。）の区域（以下「整備事業区域」という。）の面積が政令で定める規模以上のもの（以下「都市再生整備事業」という。）を都市再生整備計画に記載された事業と一体的に施行しようとする民間事業者は、国土交通省令で定めるところにより、当該都市再生整備事業に関する計画（以下「民間都市再生整備事業計画」という。）を作成し、国土交通大臣の認定を申請することができる。
2　民間都市再生整備事業計画には、次に掲げる事項を記載しなければならない。
一　整備事業区域の位置及び面積
二　建築物及びその敷地の整備に関する事業の概要

三　公共施設の整備に関する事業の概要及び当該公共施設の管理者又は管理者となるべき者
四　工事着手の時期及び事業施行期間
五　用地取得計画
六　資金計画
七　その他国土交通省令で定める事項

（民間都市再生整備事業計画の認定基準等）
第六十四条　国土交通大臣は、前条第一項の認定（以下「整備事業計画の認定」という。）の申請があった場合において、当該申請に係る民間都市再生整備事業計画が次に掲げる基準に適合すると認めるときは、整備事業計画の認定をすることができる。
一～四　（略）
2　国土交通大臣は、整備事業計画の認定をしようとするときは、あらかじめ、関係市町村の意見を聴かなければならない。
3　国土交通大臣は、整備事業計画の認定をしようとするときは、あらかじめ、当該都市再生整備事業の施行により整備される公共施設の管理者又は管理者となるべき者（以下この節において「公共施設の管理者等」という。）の意見を聴かなければならない。

（報告の徴収）
第六十七条　国土交通大臣は、認定整備事業者に対し、認定整備事業計画（認定整備事業計画の変更があったときは、その変更後のもの。以下同じ。）に係る都市再生整備事業（以下「認定整備事業」という。）の施行の状況について報告を求めることができる。

（民間都市機構の行う都市再生整備事業支援業務）
第七十一条　民間都市機構は、第二十九条第一項に規定する業務のほか、民間事業者による都市再生整備事業を推進するため、国土交通大臣の承認を受けて、次に掲げる業務を行うことができる。
一　次に掲げる方法により、認定整備事業者の認定整備事業の施行に要する費用の一部（公共施設等その他公益的施設で政令で定めるもの並びに建築物の利用者等に有用な情報の収集、整理、分析及び提供を行うための設備で政令で定めるものの整備に要する費用の額の範囲内に限る。）について支援すること。
イ～ホ　（略）
二・三　（略）
2・3　（略）

（低未利用土地利用促進協定の締結等）
第八十条の三　市町村又は都市再生推進法人等（第百十八条第一項の規定により指定された都市再生推進法人、都市緑地法（昭和四十八年法律第七十二号）第六十九条第一項の規定により指定された緑地保全・緑化推進法人（第八十条の七第一項に規定する業務を行うものに限る。以下この項において「緑地保全・緑化推進法人」という。）又は景観法第九十二条第一項の規定により指定された景観整備機構（第八十条の八第一項に規定する業務を行うものに限る。以下この項において「景観整備機構」という。）をいう。以下この節において同じ。）は、都市再生整備計画に記載された第四十六条第二十六項に規定する事項に係る居住者等利用施設（緑地保全・緑化推進法人にあっては緑地その他の国土交通省令で定める施設に、景観整備機構にあっては景観計画区域（景観法第八条第二項第一号に規定する景観計画区域をいう。第百十一条第一項において同じ。）内において整備される良好な景観を形成する広場その他の国土交通省令で定める施設に限る。）の整備及び管理を行うため、当該事項に係る低未利用土地の所有者又は使用及び収益を目的とする権利（一時使用のため設定されたことが明らかなものを除く。）を有する者（以下「所有者等」という。）と次に掲げる事項を定めた協定（以下「低未利用土地利用促進協定」という。）を締結して、当該居住者等利用施設の整備及び管理を行うことができる。

一～四　（略）

2・3　（略）

4　都市再生推進法人等が低未利用土地利用促進協定を締結しようとするときは、あらかじめ、市町村長の認可を受けなければならない。

（緑地保全・緑化推進法人の業務の特例）

第八十条の七　都市緑地法第六十九条第一項の規定により指定された緑地保全・緑化推進法人（同法第七十条第一号ロに掲げる業務を行うものに限る。）は、同法第七十条各号に掲げる業務のほか、次に掲げる業務を行うことができる。

一・二　（略）

2　前項の場合においては、都市緑地法第七十一条中「前条第一号」とあるのは、「前条第一号又は都市再生特別措置法（平成十四年法律第二十二号）第八十条の七第一項第一号」とする。

（立地適正化計画）

第八十一条　市町村は、単独で又は共同して、都市計画法第四条第二項に規定する都市計画区域内の区域について、都市再生基本方針に基づき、住宅及び都市機能増進施設（医療施設、福祉施設、商業施設その他の都市の居住者の共同の福祉又は利便のため必要な施設であって、都市機能の増進に著しく寄与するものをいう。以下同じ。）の立地の適正化を図るための計画（以下「立地適正化計画」という。）を作成することができる。

2・3　（略）

4　市町村は、立地適正化計画に当該市町村以外の者が実施する事業等に係る事項を記載しようとするときは、当該事項について、あらかじめ、その者の同意を得なければならない。

5・6　（略）

7　市町村は、立地適正化計画に前項各号に掲げる事項を記載しようとするときは、当該事項について、あらかじめ、公安委員会に協議しなければならない。

8　市町村は、立地適正化計画に第六項第三号に掲げる事項を記載しようとするときは、当該事項について、あらかじめ、都道府県知事（駐車場法第二十条第一項若しくは第二項又は第二十条の二第一項の規定に基づき条例を定めている都道府県の知事に限る。）に協議しなければならない。

9〜16　（略）

17　立地適正化計画は、議会の議決を経て定められた市町村の建設に関する基本構想並びに都市計画法第六条の二の都市計画区域の整備、開発及び保全の方針に即するとともに、同法第十八条の二の市町村の都市計画に関する基本的な方針との調和が保たれたものでなければならない。

18〜21　（略）

22　市町村は、立地適正化計画を作成しようとするときは、あらかじめ、公聴会の開催その他の住民の意見を反映させるために必要な措置を講ずるとともに、市町村都市計画審議会（当該市町村に市町村都市計画審議会が置かれていないときは、都道府県都市計画審議会。第八十四条において同じ。）の意見を聴かなければならない。

23・24　（略）

（跡地等管理等協定の締結等）

第百十一条　市町村又は都市再生推進法人等（第百十八条第一項の規定により指定された都市再生推進法人、都市緑地法第六十九条第一項の規定により指定された緑地保全・緑化推進法人（第百十五条第一項に規定する業務を行うものに限る。以下この項において「緑地保全・緑化推進法人」という。）又は景観法第九十二条第一項の規定により指定された景観整備機構（第百十六条第一項に規定する業務を行うものに限る。以下この項において「景観整備機構」という。）をいう。以下同じ。）は、立地適正化計画に記載された跡地等管理等区域内の跡地等（緑地保全・緑化推進法人にあっては都市緑地法第三条第一項に規定する緑地であるものに、景観整備機構にあっては景観計画区域内にあるものに限る。）を適正に管理し、又は跡地（緑地保全・緑化推進法人にあっては都市緑地法第三条第一項に規定する緑地であるものに、景観整備機構にあっては景観計画区域内にあるものに限る。）における緑地等の整備等をするため、当該跡地等の所有者等と次に掲げる事項を定めた協定（以下「跡地等管理等協定」という。）を締結して、当該跡地等に係る跡地等の管理等を行うことができる。

一〜五　（略）

2・3　（略）

4　都市再生推進法人等が跡地等管理等協定を締結しようとするときは、あらかじめ、市町村長の認可を受けなければならない。

（緑地保全・緑化推進法人の業務の特例）

第百十五条　都市緑地法第六十九条第一項の規定により指定された緑地保全・緑化推進法人（同法第七十条第一号イに掲げる業務を行うものに限る。）は、同法第七十条各号に掲げる業務のほか、次に掲げる業務を行うことができる。

一・二　（略）

2　前項の場合においては、都市緑地法第七十一条中「前条第一号」とあるのは、「前条第一号又は都市再生特別措置法第百十五条第一項第一号」とする。

（都市再生推進法人の指定）

第百十八条　市町村長は、特定非営利活動促進法第二条第二項の特定非営利活動法人、一般社団法人若しくは一般財団法人又はまちづくりの推進を図る活動を行うことを目的とする会社であって、次条に規定する業務を適正かつ確実に行うことができると認められるものを、その申請により、都市再生推進法人（以下「推進法人」という。）として指定することができる。

2～4　（略）

（推進法人の業務）

第百十九条　推進法人は、次に掲げる業務を行うものとする。

一　次に掲げる事業を施行する民間事業者に対し、当該事業に関する知識を有する者の派遣、情報の提供、相談その他の援助を行うこと。

イ～ホ　（略）

二　（略）

三　次に掲げる事業を施行すること又は当該事業に参加すること。

イ　第一号の事業

ロ　公共施設又は駐車場その他の第四十六条第一項の土地の区域又は立地適正化計画に記載された居住誘導区域における居住者、滞在者その他の者の利便の増進に寄与するものとして国土交通省令で定める施設の整備に関する事業

四　前号の事業に有効に利用できる土地で政令で定めるものの取得、管理及び譲渡を行うこと。

五　第四十六条第一項の土地の区域又は立地適正化計画に記載された居住誘導区域における公共施設又は第三号ロの国土交通省令で定める施設の所有者（所有者が二人以上いる場合にあっては、その全員）との契約に基づき、これらの施設の管理を行うこと。

六　公園施設設置管理協定に基づき滞在快適性等向上公園施設の設置等を行うこと。

七　都市利便増進協定に基づき都市利便増進施設の一体的な整備又は管理を行うこと。

八　低未利用土地利用促進協定に基づき居住者等利用施設の整備及び管理を行うこと。

九　跡地等管理等協定に基づき跡地等の管理等を行うこと。

十　第四十六条第一項の土地の区域又は立地適正化計画に記載された居住誘導区域若しくは都市機能誘導区域の魅力及び活力の向上に資する次に掲げる活動を行うこと（第三号から第八号までに該当するものを除く。）。

イ　滞在快適性等向上施設等その他の滞在者等の快適性の向上又は利便の増進に資する施設等の整備又は管理

ロ　滞在者等の滞在及び交流の促進を図るための広報又は行事の実施その他の活動

十一　第六十二条の八第一項の規定による道路若しくは都市公園の占用又は道路の使用の許可に係る申請書の経由に関する事務を行うこと。

十二　第四十六条第一項の土地の区域又は立地適正化計画の区域における都市の再生に関する情報の収集、整理及び提供を行うこと。
十三　第四十六条第一項の土地の区域又は立地適正化計画の区域における都市の再生に関する調査研究を行うこと。
十四　第四十六条第一項の土地の区域又は立地適正化計画の区域における都市の再生に関する普及啓発を行うこと。
十五　前各号に掲げるもののほか、第四十六条第一項の土地の区域又は立地適正化計画の区域における都市の再生のために必要な業務を行うこと。

（監督等）
第百二十一条　市町村長は、第百十九条各号に掲げる業務の適正かつ確実な実施を確保するため必要があると認めるときは、推進法人に対し、その業務に関し報告をさせることができる。
2　市町村長は、推進法人が第百十九条各号に掲げる業務を適正かつ確実に実施していないと認めるときは、推進法人に対し、その業務の運営の改善に関し必要な措置を講ずべきことを命ずることができる。
3・4　（略）

○　地方交付税法（昭和二十五年法律第二百十一号）（抄）

（地方税の課税免除等に伴う基準財政収入額の算定方法の特例）
第十四条の二　地方税法第六条の規定により、市町村が次の各号に掲げる土地若しくは家屋に対する固定資産税を課さなかつた場合又は当該固定資産税に係る不均一の課税をした場合において、その措置が政令で定める場合に該当するものと認められるときは、前条の規定による当該市町村の各年度における基準財政収入額は、同条の規定にかかわらず、当該市町村の当該各年度の減収額のうち総務省令で定めるところにより算定した額を同条の規定による当該市町村の当該各年度（その措置が総務省令で定める日以後において行なわれたときは、当該減収額について当該各年度の翌年度）における基準財政収入額となるべき額から控除した額とする。
一　（略）
二　古都における歴史的風土の保存に関する特別措置法（昭和四十一年法律第一号）第六条第一項の規定により指定を受けた特別保存地区（同法第七条の二の規定により、特別保存地区として同法の規定が適用される地区を含む。）の区域内における家屋又は土地

○　農地法（昭和二十七年法律第二百二十九号）（抄）

（農地又は採草放牧地の権利移動の制限）

第三条　農地又は採草放牧地について所有権を移転し、又は地上権、永小作権、質権、使用貸借による権利、賃借権若しくはその他の使用及び収益を目的とする権利を設定し、若しくは移転する場合には、政令で定めるところにより、当事者が農業委員会の許可を受けなければならない。ただし、次の各号のいずれかに該当する場合及び第五条第一項本文に規定する場合は、この限りでない。

一～十四の三　（略）

十五　地方自治法（昭和二十二年法律第六十七号）第二百五十二条の十九第一項の指定都市（以下単に「指定都市」という。）が古都における歴史的風土の保存に関する特別措置法（昭和四十一年法律第一号）第十九条の規定に基づいてする同法第十一条第一項の規定による買入れによつて所有権を取得する場合

十六　（略）

2～6　（略）

○　都市公園法（昭和三十一年法律第七十九号）（抄）

（定義）

第二条　この法律において「都市公園」とは、次に掲げる公園又は緑地で、その設置者である地方公共団体又は国が当該公園又は緑地に設ける公園施設を含むものとする。

一　都市計画施設（都市計画法（昭和四十三年法律第百号）第四条第六項に規定する都市計画施設をいう。次号において同じ。）である公園又は緑地で地方公共団体が設置するもの及び地方公共団体が同条第二項に規定する都市計画区域内において設置する公園又は緑地

二　次に掲げる公園又は緑地で国が設置するもの

イ　一の都府県の区域を超えるような広域の見地から設置する都市計画施設である公園又は緑地（ロに該当するものを除く。）

ロ　国家的な記念事業として、又は我が国固有の優れた文化的資産の保存及び活用を図るため閣議の決定を経て設置する都市計画施設である公園又は緑地

2・3　（略）

（都市公園の設置基準）

第三条　地方公共団体が都市公園を設置する場合においては、政令で定める都市公園の配置及び規模に関する技術的基準を参酌して条例で定める基準に適合するように行うものとする。

2　都市緑地法（昭和四十八年法律第七十二号）第四条第一項に規定する基本計画（次条第二項において単に「基本計画」という。）（地方公共団体の設置に係る都市公園の整備の方針が定められているものに限る。）が定められた市町村の区域内において地方公共団体が都市公園を設置する場合においては、当該都市公園の設置は、前項に定めるもののほか、当該基本計画に即して行うよう努めるものとする。

3　国が設置する都市公園（第二条第一項第二号ロに該当するものを除く。）については、政令で定める都市公園の配置、規模、位置及び区域の選定並びに整備に関する技術的基準に適合するように行うものとする。

（都市公園の管理基準）

第三条の二　都市公園の管理は、政令で定める都市公園の維持及び修繕に関する技術的基準（都市公園の修繕を効率的に行うための点検に関する基準を含む。）に適合するように行うものとする。

2　基本計画（地方公共団体の設置に係る都市公園の管理の方針が定められているものに限る。）が定められた市町村の区域内において地方公共団体が都市公園を管理する場合においては、当該都市公園の管理は、前項に定めるもののほか、当該基本計画に即して行うよう努めるものとする。

○　首都圏近郊緑地保全法（昭和四十一年法律第百一号）（抄）

（近郊緑地保全区域の指定）

第三条　国土交通大臣は、近郊緑地のうち、無秩序な市街地化のおそれが大であり、かつ、これを保全することによつて得られる首都及びその周辺の地域の住民の健全な心身の保持及び増進又はこれらの地域における公害若しくは災害の防止の効果が著しい近郊緑地の土地の区域を、近郊緑地保全区域（以下「保全区域」という。）として指定することができる。

2〜5　（略）

（近郊緑地保全計画）

第四条　国土交通大臣は、保全区域の指定をしたときは、当該保全区域について、近郊緑地の保全に関する計画（以下「近郊緑地保全計画」という。）を決定しなければならない。

2　近郊緑地保全計画には、次に掲げる事項を定めなければならない。

一　保全区域内における行為の規制その他当該近郊緑地の保全に関する事項

二　保全区域内において当該近郊緑地の保全に関連して必要とされる施設の整備に関する事項

三　近郊緑地特別保全地区（保全区域内の特別緑地保全地区で保全区域内において近郊緑地の保全のため特に必要とされるものをいう。以下同じ。）の指定の基準に関する事項

四　近郊緑地特別保全地区内における土地の買入れに関する事項

3　（略）

（保全区域における行為の届出）

第七条　保全区域（緑地保全地域及び特別緑地保全地区を除く。以下この条及び次条第一項において同じ。）内において、次に掲げる行為をしようとする者は、国土交通省令で定めるところにより、あらかじめ、都県知事にその旨を届け出なければならない。

一　建築物その他の工作物の新築、改築又は増築

二　宅地の造成、土地の開墾、土石の採取、鉱物の掘採その他の土地の形質の変更

三　木竹の伐採

四　水面の埋立て又は干拓

五　前各号に掲げるもののほか、当該近郊緑地の保全に影響を及ぼすおそれのある行為で政令で定めるもの

2～4　（略）

（管理協定の締結等）

第八条　地方公共団体又は都市緑地法（昭和四十八年法律第七十二号）第六十九条第一項の規定により指定された緑地保全・緑化推進法人（第十六条第一項第一号に掲げる業務を行うものに限る。）は、保全区域内の近郊緑地の保全のため必要があると認めるときは、当該保全区域内の土地又は木竹の所有者又は使用及び収益を目的とする権利（臨時設備その他一時使用のため設定されたことが明らかなものを除く。）を有する者（以下「土地の所有者等」と総称する。）と次に掲げる事項を定めた協定（以下「管理協定」という。）を締結して、当該土地の区域内の近郊緑地の管理を行うことができる。

一～五　（略）

2・3　（略）

4　地方公共団体は、管理協定に第一項第三号に掲げる事項を定めようとする場合においては、当該事項を、あらかじめ、都県知事（当該土地が地方自治法（昭和二十二年法律第六十七号）第二百五十二条の十九第一項の指定都市（以下「指定都市」という。）の区域内に存する場合にあつては、当該指定都市の長。次項において準用する前条第二項及び第六項において同じ。）に届け出なければならない。ただし、都県が当該都県の区域（指定都市の区域を除く。）内の土地について、又は指定都市が当該指定都市の区域内の土地について管理協定を締結する場合は、この限りでない。

5　（略）

6　第一項の緑地保全・緑化推進法人は、管理協定に同項第三号に掲げる事項を定めようとする場合においては、当該事項について、あらかじめ、都県知事と協議しなければならない。

7　第一項の緑地保全・緑化推進法人が管理協定を締結しようとするときは、あらかじめ、市町村長の認可を受けなければならない。

（管理協定に係る都市の美観風致を維持するための樹木の保存に関する法律の特例）

第十四条　第八条第一項の緑地保全・緑化推進法人が管理協定に基づき管理する樹木又は樹木の集団で都市の美観風致を維持するための樹木の保

存に関する法律（昭和三十七年法律第百四十二号）第二条第一項の規定に基づき保存樹又は保存樹林として指定されたものについての同法の規定の適用については、同法第五条第一項中「所有者」とあるのは「所有者及び緑地保全・緑化推進法人（都市緑地法（昭和四十八年法律第七十二号）第六十九条第一項の規定により指定された緑地保全・緑化推進法人をいう。以下同じ。）」と、同法第六条第二項及び第八条中「所有者」とあるのは「緑地保全・緑化推進法人」と、同法第九条中「所有者」とあるのは「所有者又は緑地保全・緑化推進法人」とする。

（都市緑地法の特例）

第十五条　保全区域内の緑地保全地域について定められる緑地保全計画（都市緑地法第六条第一項の規定による緑地保全計画をいう。以下同じ。）は、近郊緑地保全計画に適合したものでなければならない。

2　前項に定めるもののほか、保全区域内の緑地保全地域並びに当該地域内における都市緑地法第二十四条第一項の管理協定及び同法第五十五条第一項の市民緑地についての同法の規定の適用については、同法第六条第一項中「市の」とあるのは「地方自治法（昭和二十二年法律第六十七号）第二百五十二条の十九第一項の指定都市（以下「指定都市」という。）の」と、「市。」とあるのは「指定都市。」と、同条第五項及び第六項中「関係町村」とあるのは「関係市町村」と、同条第五項中「市にあつては市町村都市計画審議会（当該市に市町村都市計画審議会が置かれていないときは、当該市の存する都道府県の都道府県都市計画審議会）」とあるのは「指定都市にあつては市町村都市計画審議会」と、同法第七条第五項及び第二十四条第四項ただし書中「市」とあるのは「指定都市」と、同法第五十五条第八項第二号中「市の」とあるのは「指定都市の」と、「市が」とあるのは「指定都市が」とする。

第十六条　都市緑地法第六十九条第一項の規定により指定された緑地保全・緑化推進法人（同法第七十条第一号イに掲げる業務を行うものに限る。）は、同法第七十条各号に掲げる業務のほか、次に掲げる業務を行うことができる。

一・二　（略）

2　前項の場合においては、都市緑地法第七十一条中「前条第一号」とあるのは、「前条第一号又は首都圏保全法第十六条第一項第一号」とする。

（費用の負担及び補助）

第十七条　（略）

2　国は、都県又は市が行う都市緑地法第十六条において読み替えて準用する同法第十条第一項の規定による損失の補償及び同法第十七条第一項の規定による土地の買入れ並びに都県又は町村が行う同条第三項の規定による土地の買入れに要する費用のうち、近郊緑地特別保全地区に係るものについては、政令で定めるところにより、その一部を補助する。

○　登録免許税法（昭和四十二年法律第三十五号）（抄）

（課税の範囲）

第二条　登録免許税は、別表第一に掲げる登記、登録、特許、免許、許可、認可、認定、指定及び技能証明（以下「登記等」という。）について課する。

（課税標準及び税率）

第九条　登録免許税の課税標準及び税率は、この法律に別段の定めがある場合を除くほか、登記等の区分に応じ、別表第一の課税標準欄に掲げる金額又は数量及び同表の税率欄に掲げる割合又は金額による。

別表第一　課税範囲、課税標準及び税率の表（第二条、第五条、第九条、第十条、第十三条、第十五条―第十七条、第十七条の三―第十九条、第二十三条、第二十四条、第三十四条―第三十四条の五関係）

登記、登録、特許、免許、許可、認可、認定、指定又は技能証明の事項	課税標準	税率
一～百五十五　（略）		
百五十五の二　登録建築物エネルギー消費性能判定機関又は登録建築物エネルギー消費性能評価機関の登録		
(一)　建築物のエネルギー消費性能の向上に関する法律（平成二十七年法律第五十三号）第十五条第一項（登録建築物エネルギー消費性能判定機関の登録）の登録（更新の登録を除く。）	登録件数	一件につき九万円
(二)　建築物のエネルギー消費性能の向上に関する法律第二十四条第一項（登録建築物エネルギー消費性能評価機関の登録）の登録（更新の登録を除く。）	登録件数	一件につき九万円
百五十六～百六十　（略）		

○　近畿圏の保全区域の整備に関する法律（昭和四十二年法律第百三号）（抄）

（保全区域整備計画の作成等）
第三条　保全区域の指定があつたときは、関係府県知事は、法第二条第二項に規定する近畿圏整備計画に基づき、関係市町村長と協議して、当該保全区域に係る保全区域整備計画を作成することができる。
2～4　（略）

（保全区域整備計画の内容）
第四条　保全区域整備計画には、文化財の保存、緑地の保全又は観光資源の保全若しくは開発に関連して必要とされる道路、公園その他の政令で定める施設の整備に関する事項を定めるものとする。
2　前項に規定するもののほか、保全区域整備計画には、次に掲げる事項を定めるよう努めるものとする。
一　保全区域の整備の基本構想
二　土地の利用に関する事項

（近郊緑地保全区域の指定）
第五条　国土交通大臣は、近郊緑地のうち、無秩序な市街地化のおそれが大であり、かつ、これを保全することによつて得られる既成都市区域及びその近郊の地域の住民の健全な心身の保持及び増進又はこれらの地域における公害若しくは災害の防止の効果が著しい近郊緑地の土地の区域を、近郊緑地保全区域として指定することができる。
2～4　（略）

（近郊緑地保全区域における行為の届出）
第八条　近郊緑地保全区域（緑地保全地域及び特別緑地保全地区を除く。以下この条及び次条第一項において同じ。）内において、次に掲げる行為をしようとする者は、国土交通省令で定めるところにより、あらかじめ、府県知事にその旨を届け出なければならない。
一　建築物その他の工作物の新築、改築又は増築
二　宅地の造成、土地の開墾、土石の採取、鉱物の掘採その他の土地の形質の変更
三　木竹の伐採
四　前三号に掲げるもののほか、当該近郊緑地の保全に影響を及ぼすおそれのある行為で政令で定めるもの
2～4　（略）

（管理協定の締結等）
第九条　地方公共団体又は都市緑地法（昭和四十八年法律第七十二号）第六十九条第一項の規定により指定された緑地保全・緑化推進法人（第十七条第一項第一号に掲げる業務を行うものに限る。）は、近郊緑地保全区域内の近郊緑地の保全のため必要があると認めるときは、当該近郊緑

地保全区域内の土地又は木竹の所有者又は使用及び収益を目的とする権利（臨時設備その他一時使用のため設定されたことが明らかなものを除く。）を有する者（以下「土地の所有者等」と総称する。）と次に掲げる事項を定めた協定（以下「管理協定」という。）を締結して、当該土地の区域内の近郊緑地の管理を行うことができる。

一～五　（略）

2・3　（略）

4　地方公共団体は、管理協定に第一項第三号に掲げる事項を定めようとする場合においては、当該事項を、あらかじめ、府県知事（当該土地が地方自治法（昭和二十二年法律第六十七号）第二百五十二条の十九第一項の指定都市（以下「指定都市」という。）の区域内に存する場合にあつては、当該指定都市の長。次項において準用する前条第二項及び第六項において同じ。）に届け出なければならない。ただし、府県が当該府県の区域（指定都市の区域を除く。）内の土地について、又は指定都市が当該指定都市の区域内の土地について管理協定を締結する場合は、この限りでない。

5　（略）

6　第一項の緑地保全・緑化推進法人は、管理協定に同項第三号に掲げる事項を定めようとする場合においては、当該事項について、あらかじめ、府県知事と協議しなければならない。

7　第一項の緑地保全・緑化推進法人が管理協定を締結しようとするときは、あらかじめ、市町村長の認可を受けなければならない。

（管理協定に係る都市の美観風致を維持するための樹木の保存に関する法律の特例）

第十五条　第九条第一項の緑地保全・緑化推進法人が管理協定に基づき管理する樹木又は樹木の集団で都市の美観風致を維持するための樹木の保存に関する法律（昭和三十七年法律第百四十二号）第二条第一項の規定に基づき保存樹又は保存樹林として指定されたものについての同法の規定の適用については、同法第五条第一項中「所有者」とあるのは「所有者及び緑地保全・緑化推進法人（都市緑地法（昭和四十八年法律第七十二号）第六十九条第一項の規定により指定された緑地保全・緑化推進法人をいう。以下同じ。）」と、同法第六条第二項及び第八条中「所有者」とあるのは「緑地保全・緑化推進法人」と、同法第九条中「所有者」とあるのは「所有者又は緑地保全・緑化推進法人」とする。

（都市緑地法の特例）

第十六条　近郊緑地保全区域内の緑地保全地域について定められる緑地保全計画（都市緑地法第六条第一項の規定による緑地保全計画をいう。以下同じ。）は、保全区域整備計画に適合したものでなければならない。

2　前項に定めるもののほか、近郊緑地保全区域内の緑地保全地域並びに当該地域内における都市緑地法第二十四条第一項の管理協定及び同法第五十五条第一項の市民緑地についての同法の規定の適用については、同法第六条第一項中「市の」とあるのは「地方自治法（昭和二十二年法律第六十七号）第二百五十二条の十九第一項の指定都市（以下「指定都市」という。）の」と、「市。」とあるのは「指定都市。」と、同条第五項及び第六項中「関係町村」とあるのは「関係市町村」と、同条第五項中「市にあつては市町村都市計画審議会（当該市に市町村都市計画審議会が置かれていないときは、当該市の存する都道府県の都道府県都市計画審議会）」とあるのは「指定都市にあつては市町村都市計画審議会」

と、同法第七条第五項及び第二十四条第四項ただし書中「市」とあるのは「指定都市」と、同法第五十五条第八項第二号中「市の」とあるのは「指定都市の」と、「市が」とあるのは「指定都市が」とする。

第十七条　都市緑地法第六十九条第一項の規定により指定された緑地保全・緑化推進法人（同法第七十条第一号イに掲げる業務を行うものに限る。）は、同法第七十条各号に掲げる業務のほか、次に掲げる業務を行うことができる。

一・二　（略）

2　前項の場合においては、都市緑地法第七十一条中「前条第一号」とあるのは、「前条第一号又は近畿圏保全法第十七条第一項第一号」とする。

（費用の負担及び補助）

第十八条　（略）

2　国は、府県又は市が行う都市緑地法第十六条において読み替えて準用する同法第十条第一項の規定による損失の補償及び同法第十七条第一項の規定による土地の買入れ並びに府県又は町村が行う同条第三項の規定による土地の買入れに要する費用のうち、近郊緑地特別保全地区に係るものについては、政令で定めるところにより、その一部を補助する。

○　生産緑地法（昭和四十九年法律第六十八号）（抄）

（生産緑地地区に関する都市計画）

第三条　市街化区域（都市計画法（昭和四十三年法律第百号）第七条第一項の規定による市街化区域をいう。）内にある農地等で、次に掲げる条件に該当する一団のものの区域については、都市計画に生産緑地地区を定めることができる。

一　公害又は災害の防止、農林漁業と調和した都市環境の保全等良好な生活環境の確保に相当の効用があり、かつ、公共施設等の敷地の用に供する土地として適しているものであること。

二　五百平方メートル以上の規模の区域であること。

三　用排水その他の状況を勘案して農林漁業の継続が可能な条件を備えていると認められるものであること。

2～5　（略）

6　生産緑地地区に関する都市計画は、都市緑地法（昭和四十八年法律第七十二号）第四条第一項に規定する基本計画（同条第二項第五号に掲げる事項が定められているものに限る。）が定められている場合においては、当該基本計画に即して定めなければならない。

○　明日香村における歴史的風土の保存及び生活環境の整備等に関する特別措置法（昭和五十五年法律第六十号）（抄）

（明日香村歴史的風土保存計画）
第二条　国土交通大臣は、奈良県、明日香村（奈良県高市郡明日香村をいう。以下同じ。）及び社会資本整備審議会の意見を聴くとともに、関係行政機関の長に協議して、古都における歴史的風土の保存に関する特別措置法（以下「古都保存法」という。）第五条第一項の歴史的風土保存計画として、明日香村の区域の全部について、歴史的風土の保存に関する計画（以下「明日香村歴史的風土保存計画」という。）を定めなければならない。この場合において、国土交通大臣は、奈良県又は明日香村から意見の申出を受けたときは、遅滞なくこれに回答するものとする。
2　明日香村歴史的風土保存計画に定める事項は、次のとおりとする。
一～四　（略）
五　古都保存法第十一条第一項の規定による土地の買入れに関する事項
六　（略）
3・4　（略）

（第一種歴史的風土保存地区及び第二種歴史的風土保存地区に関する都市計画）
第三条　明日香村の区域については、明日香村歴史的風土保存計画に基づき、当該区域を区分して、都市計画に第一種歴史的風土保存地区及び第二種歴史的風土保存地区を定めるものとする。
2　（略）
3　第一種歴史的風土保存地区及び第二種歴史的風土保存地区は、それぞれ古都保存法第七条の二後段の特別保存地区とする。

○　民間都市開発の推進に関する特別措置法（昭和六十二年法律第六十二号）（抄）

（機構の業務）
第四条　機構は、次に掲げる業務を行うものとする。
一　特定民間都市開発事業（第二条第二項第一号に掲げる民間都市開発事業のうち地域社会における都市の健全な発展を図る上でその事業を推進することが特に有効な地域として政令で定める地域において施行されるもの及び同項第二号に掲げる民間都市開発事業をいう。以下この条において同じ。）について、当該事業の施行に要する費用の一部（同項第一号に掲げる民間都市開発事業にあつては、公共施設並びにこれに準ずる避難施設、駐車場その他の建築物の利用者及び都市の居住者等の利便の増進に寄与する施設（以下この条において「公共施設等」という。）の整備に要する費用の額の範囲内に限る。）を負担して、当該事業に参加すること。
二　特定民間都市開発事業を施行する者に対し、当該事業の施行に要する費用（第二条第二項第一号に掲げる民間都市開発事業にあつては、公共施設等の整備に要する費用）に充てるための長期かつ低利の資金の融通を行うこと。

三〜六　（略）
2・3　（略）

（資金の貸付け）
第五条　政府は、機構に対し、都市開発資金の貸付けに関する法律（昭和四十一年法律第二十号）第一条第九項の規定によるもののほか、前条第一項第一号及び第二号に掲げる業務に要する資金のうち、政令で定める道路又は港湾施設の整備に関する費用に充てるべきものの一部を無利子で貸し付けることができる。
2　（略）

○　独立行政法人国立文化財機構法（平成十一年法律第百七十八号）（抄）

（他の法律の適用の特例）
第十六条　（略）
2　機構は、古都における歴史的風土の保存に関する特別措置法（昭和四十一年法律第一号）第七条第三項及び第八条第八項の規定の適用については、国の機関とみなす。

○　独立行政法人都市再生機構法（平成十五年法律第百号）（抄）

（都市計画の決定等の提案の特例）
第十五条　次の各号に掲げる業務の実施に関し、当該各号に定める都市計画の決定又は変更をする必要がある場合における都市計画法（昭和四十三年法律第百号）第二十一条の二第二項及び第三項の規定の適用については、同条第二項中「前項に規定する土地の区域」とあるのは「前項に規定する土地の区域（独立行政法人都市再生機構にあっては、都市計画区域又は準都市計画区域のうち独立行政法人都市再生機構法第十五条各号に掲げる業務の実施に必要となる土地の区域）」と、同条第三項中「次に掲げるところ」とあるのは「次の各号（独立行政法人都市再生機構法第十五条の規定により読み替えて適用される前項の規定による独立行政法人都市再生機構の提案にあっては、第一号）に掲げるところ」とする。
一・二　（略）

○　景観法（平成十六年法律第百十号）（抄）

（景観計画）

第八条　景観行政団体は、都市、農山漁村その他市街地又は集落を形成している地域及びこれと一体となって景観を形成している地域における次の各号のいずれかに該当する土地（水面を含む。以下この項、第十一条及び第十四条第二項において同じ。）の区域について、良好な景観の形成に関する計画（以下「景観計画」という。）を定めることができる。

一　現にある良好な景観を保全する必要があると認められる土地の区域

二　地域の自然、歴史、文化等からみて、地域の特性にふさわしい良好な景観を形成する必要があると認められる土地の区域

三　地域間の交流の拠点となる土地の区域であって、当該交流の促進に資する良好な景観を形成する必要があると認められるもの

四　住宅市街地の開発その他建築物若しくはその敷地の整備に関する事業が行われ、又は行われた土地の区域であって、新たに良好な景観を創出する必要があると認められるもの

五　地域の土地利用の動向等からみて、不良な景観が形成されるおそれがあると認められる土地の区域

2　景観計画においては、次に掲げる事項を定めるものとする。

一　景観計画の区域（以下「景観計画区域」という。）

二～四　（略）

3～11　（略）

（緑地保全・緑化推進法人の業務の特例）

第四十二条　都市緑地法（昭和四十八年法律第七十二号）第六十九条第一項の規定により指定された緑地保全・緑化推進法人であって同法第七十条第一号イの業務を行うもの（以下この節において「緑地保全・緑化推進法人」という。）は、景観重要樹木の適切な管理のため必要があると認めるときは、同条各号に掲げる業務のほか、当該景観重要樹木の所有者と管理協定を締結して、当該景観重要樹木の管理及びこれに附帯する業務を行うことができる。

2　前項の場合においては、都市緑地法第七十一条中「掲げる業務」とあるのは、「掲げる業務又は景観法第四十二条第一項に規定する業務」とする。

3　（略）

○　地域における歴史的風致の維持及び向上に関する法律（平成二十年法律第四十号）（抄）

（文化財保護法の規定による事務の認定市町村の教育委員会による実施）

第二十四条　文化庁長官は、次に掲げるその権限に属する事務であって、第五条第八項の認定を受けた町村（以下この条及び第二十九条において「認定町村」という。）の区域内の重要文化財建造物等に係るものの全部又は一部については、認定計画期間内に限り、政令で定めるところにより、当該認定町村の教育委員会（当該認定町村が特定地方公共団体である場合にあっては、当該認定町村の長。次項から第四項までにおいて同じ。）が行うこととすることができる。

一・二　（略）

2～6　（略）

（都市緑地法の規定による特別緑地保全地区における行為の制限に関する事務の町村長による実施）

第二十九条　都道府県知事は、都市緑地法（昭和四十八年法律第七十二号）第十四条第一項から第八項まで、同法第十五条において準用する同法第九条第一項及び第二項、同法第十六条において準用する同法第十条第二項において準用する同法第七条第五項及び第六項、同法第十七条第二項並びに同法第十九条において読み替えて準用する同法第十一条第一項及び第二項の規定によりその権限に属する事務であって、認定重点区域内の特別緑地保全地区（同法第十二条第一項に規定する特別緑地保全地区をいう。）に係るものについては、認定計画期間内に限り、政令で定めるところにより、認定町村の長が行うこととすることができる。

2　前項の規定により認定町村の長が同項に規定する事務を行う場合における都市緑地法の適用については、同法第四条第二項第四号ロ中「第十七条」とあるのは「第十七条（地域における歴史的風致の維持及び向上に関する法律（平成二十年法律第四十号。以下「地域歴史的風致法」という。）第二十九条第二項の規定により読み替えて適用する場合を含む。）」と、同条第六項中「同号ロからニまでに掲げる事項」とあるのは「同号ロからニまでに掲げる事項（地域歴史的風致法第二十九条第二項の規定により読み替えて適用する第十七条の規定による土地の買入れ及び買い入れた土地の管理に関する事項を除く。）」と、同法第十六条において準用する同法第十条第一項中「都道府県等」とあるのは「地域歴史的風致法第二十四条第一項に規定する認定町村（以下単に「認定町村」という。）」と、同法第十七条第一項及び第三十一条第一項中「都道府県等」とあるのは「認定町村」と、同法第十七条第二項中「町村又は第六十九条第一項の規定により指定された緑地保全・緑化推進法人（第七十条第一号ハに掲げる業務を行うものに限る。以下この条及び次条において単に「緑地保全・緑化推進法人」という。）を、市長にあつては当該土地の買入れを希望する都道府県又は緑地保全・緑化推進法人を、」とあるのは「第六十九条第一項の規定により指定された緑地保全・緑化推進法人（第七十条第一号ハに掲げる業務を行うものに限る。以下この条及び次条において単に「緑地保全・緑化推進法人」という。）を」と、同条第三項中「都道府県、町村又は緑地保全・緑化推進法人」とあるのは「緑地保全・緑化推進法人」と、同法第三十一条第一項中「第十六条」とあるのは「地域歴史的風致法第二十九条第二項の規定により読み替えて適用する第十六条」と、「第十七条第一項」とあるのは「地域歴史的風致法第二十九条第二項の規定により読み替えて適用する第十七条第一項」と、「買入れ並びに都道府県又は町村が行う同条第三項の規定による土地の買入れ」とあるのは「買入れ」とする。

○　都市の低炭素化の促進に関する法律（平成二十四年法律第八十四号）（抄）

（樹木等管理協定の締結等）
第三十八条　低炭素まちづくり計画に第七条第三項第四号に掲げる事項が記載されているときは、市町村又は都市緑地法（昭和四十八年法律第七十二号）第六十九条第一項の規定により指定された緑地保全・緑化推進法人（第四十五条第一項第一号に掲げる業務を行うものに限る。）は、当該事項に係る樹木保全推進区域内の保全樹木等基準に該当する樹木又は樹林地等を保全するため、当該樹木又は樹林地等の所有者又は使用及び収益を目的とする権利（一時使用のため設定されたことが明らかなものを除く。）を有する者（次項及び第四十三条において「所有者等」という。）と次に掲げる事項を定めた協定（以下「樹木等管理協定」という。）を締結して、当該樹木又は樹林地等の管理を行うことができる。
一～五　（略）
2・3　（略）
4　第一項の緑地保全・緑化推進法人が樹木等管理協定を締結しようとするときは、あらかじめ、市町村長の認可を受けなければならない。

（都市の美観風致を維持するための樹木の保存に関する法律の特例）
第四十四条　第三十八条第一項の緑地保全・緑化推進法人が樹木等管理協定に基づき管理する協定樹木又は協定区域内の樹林地等に存する樹木の集団で都市の美観風致を維持するための樹木の保存に関する法律（昭和三十七年法律第百四十二号）第二条第一項の規定に基づき保存樹又は保存樹林として指定されたものについての同法の規定の適用については、同法第五条第一項中「所有者」とあるのは「所有者及び緑地保全・緑化推進法人（都市緑地法（昭和四十八年法律第七十二号）第六十九条第一項の規定により指定された緑地保全・緑化推進法人をいう。以下同じ。）」と、同法第六条第二項及び第八条中「所有者」とあるのは「緑地保全・緑化推進法人」と、同法第九条中「所有者」とあるのは「所有者又は緑地保全・緑化推進法人」とする。

（緑地保全・緑化推進法人の業務の特例）
第四十五条　都市緑地法第六十九条第一項の規定により指定された緑地保全・緑化推進法人（同法第七十条第一号イに掲げる業務を行うものに限る。）は、同法第七十条各号に掲げる業務のほか、次に掲げる業務を行うことができる。
一・二　（略）
2　前項の場合においては、都市緑地法第七十一条中「前条第一号」とあるのは、「前条第一号又は都市の低炭素化の促進に関する法律（平成二十四年法律第八十四号）第四十五条第一項第一号」とする。

○　刑法等の一部を改正する法律の施行に伴う関係法律の整理等に関する法律（令和四年法律第六十八号）（抄）

（船舶法等の一部改正）

第三百四十二条　次に掲げる法律の規定中「懲役」を「拘禁刑」に改める。
一～二十一　（略）
二十二　新住宅市街地開発法（昭和三十八年法律第百三十四号）第五十四条及び第五十五条
二十三～二十五　（略）
二十六　都市緑地法（昭和四十八年法律第七十二号）第七十六条及び第七十七条
二十七～六十四　（略）

（古都における歴史的風土の保存に関する特別措置法の一部改正）

第三百八十三条　古都における歴史的風土の保存に関する特別措置法（昭和四十一年法律第一号）の一部を次のように改正する。

第二十条中「懲役」を「拘禁刑」に改める。

第二十一条中「一に」を「いずれかに」に、「懲役」を「拘禁刑」に改める。

○　国土形成計画法（昭和二十五年法律第二百五号）（抄）

（全国計画）
第六条　国は、総合的な国土の形成に関する施策の指針となるべきものとして、全国の区域について、国土形成計画を定めるものとする。
2　前項の国土形成計画（以下「全国計画」という。）には、次に掲げる事項を定めるものとする。
一　国土の形成に関する基本的な方針
二　国土の形成に関する目標
三　前号の目標を達成するために全国的な見地から必要と認められる基本的な施策に関する事項
3～8　（略）

○　環境基本法（平成五年法律第九十一号）（抄）

第十五条　政府は、環境の保全に関する施策の総合的かつ計画的な推進を図るため、環境の保全に関する基本的な計画（以下「環境基本計画」という。）を定めなければならない。
2　環境基本計画は、次に掲げる事項について定めるものとする。
一　環境の保全に関する総合的かつ長期的な施策の大綱

二　前号に掲げるもののほか、環境の保全に関する施策を総合的かつ計画的に推進するために必要な事項
3～5　（略）

○　都市の美観風致を維持するための樹木の保存に関する法律（昭和三十七年法律第百四十二号）（抄）

（保存樹等の指定）
第二条　市町村長は、都市計画法（昭和四十三年法律第百号）第五条の規定により指定された都市計画区域内において、美観風致を維持するため必要があると認めるときは、政令で定める基準に該当する樹木又は樹木の集団を保存樹又は保存樹林として指定することができる。
2・3　（略）

（所有者の保存義務等）
第五条　所有者は、保存樹又は保存樹林について、枯損の防止その他その保存に努めなければならない。
2　（略）

（所有者の変更等の場合の届出）
第六条　（略）
2　保存樹又は保存樹林が滅失し、又は枯死したときは、所有者は、遅滞なく、その旨を市町村長に届け出なければならない。

（報告の徴取）
第八条　市町村長は、必要があると認めるときは、所有者に対し、保存樹又は保存樹林の現状につき報告を求めることができる。

（市町村長の助言等）
第九条　市町村長は、所有者に対し、保存樹又は保存樹林の枯損の防止その他その保存に関し必要な助言又は援助をすることができる。

○　行政手続法（平成五年法律第八十八号）（抄）

（聴聞の通知の方式）
第十五条　行政庁は、聴聞を行うに当たっては、聴聞を行うべき期日までに相当な期間をおいて、不利益処分の名あて人となるべき者に対し、次

に掲げる事項を書面により通知しなければならない。
一～四　（略）
2・3　（略）

○　会社法（平成十七年法律第八十六号）（抄）

（定款の作成）
第五百七十五条　合名会社、合資会社又は合同会社（以下「持分会社」と総称する。）を設立するには、その社員になろうとする者が定款を作成し、その全員がこれに署名し、又は記名押印しなければならない。
2　（略）

（特別清算事件の管轄）
第八百七十九条　第八百六十八条第一項の規定にかかわらず、法人が株式会社の総株主（株主総会において決議をすることができる事項の全部につき議決権を行使することができない株主を除く。次項において同じ。）の議決権の過半数を有する場合には、当該法人（以下この条において「親法人」という。）について特別清算事件、破産事件、再生事件又は更生事件（以下この条において「特別清算事件等」という。）が係属しているときにおける当該株式会社についての特別清算開始の申立ては、親法人の特別清算事件等が係属している地方裁判所にもすることができる。
2～4　（略）

○　地球温暖化対策の推進に関する法律（平成十年法律第百十七号）（抄）

（定義）
第二条　（略）
2　（略）
3　この法律において「温室効果ガス」とは、次に掲げる物質をいう。
一　二酸化炭素
二　メタン
三　一酸化二窒素

四　ハイドロフルオロカーボンのうち政令で定めるもの
五　パーフルオロカーボンのうち政令で定めるもの
六　六ふっ化硫黄
七　三ふっ化窒素
4～7　（略）

（基本理念）
第二条の二　地球温暖化対策の推進は、パリ協定第二条1(a)において世界全体の平均気温の上昇を工業化以前よりも摂氏二度高い水準を十分に下回るものに抑えること及び世界全体の平均気温の上昇を工業化以前よりも摂氏一・五度高い水準までのものに制限するための努力を継続することとされていることを踏まえ、環境の保全と経済及び社会の発展を統合的に推進しつつ、我が国における二千五十年までの脱炭素社会（人の活動に伴って発生する温室効果ガスの排出量と吸収作用の保全及び強化により吸収される温室効果ガスの吸収量との間の均衡が保たれた社会をいう。第三十六条の二において同じ。）の実現を旨として、国民並びに国、地方公共団体、事業者及び民間の団体等の密接な連携の下に行われなければならない。

○　再生可能エネルギー電気の利用の促進に関する特別措置法（平成二十三年法律第百八号）（抄）

（定義）
第二条　（略）
2　この法律において「再生可能エネルギー発電設備」とは、再生可能エネルギー源を電気に変換する設備及びその附属設備をいう。
3～5　（略）

○　地方自治法（昭和二十二年法律第六十七号）（抄）

（指定都市の権能）
第二百五十二条の十九　政令で指定する人口五十万以上の市（以下「指定都市」という。）は、次に掲げる事務のうち都道府県が法律又はこれに基づく政令の定めるところにより処理することとされているものの全部又は一部で政令で定めるものを、政令で定めるところにより、処理することができる。
一～十三　（略）

2

（略）

〈重要法令シリーズ120〉

都市緑地法改正法〔令和６年〕
新旧対照条文等

2024年12月25日　第1版第1刷発行

発行者　今井　貴
発行所　株式会社 信山社
〒113-0033 東京都文京区本郷6-2-9-102
Tel 03-3818-1019
Fax 03-3818-0344
info@shinzansha.co.jp
出版契約 No.2024-4420-5-01010　Printed in Japan

印刷・製本／亜細亜印刷・渋谷文泉閣
ISBN978-4-7972-4420-5　012-030-010 C3332
分類323.916.e120 P244. 環境法

出典：国土交通省ホームページ（https://www.mlit.go.jp/report/press/toshi07_hh_000250.html）

ジェンダー法研究　浅倉むつ子・二宮周平・三成美保 責任編集

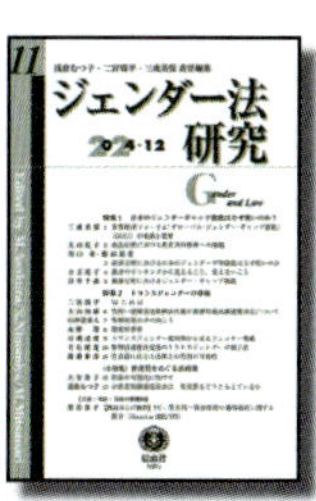

第11号　菊変・並製・232頁　定価4,400円（本体4,000円+税）

特集1 日本のジェンダーギャップ指数はなぜ低いのか？

三成美保、大山礼子、川口　章、野田滉登、小玉亮子、白井千晶

特集2 トランスジェンダーの尊厳

二宮周平、大山知康、臼井崇来人、永野　靖、石橋達成、立石結夏、渡邉泰彦

〈小特集〉性売買をめぐる法政策　大谷恭子、浅倉むつ子

【立法・司法・行政の新動向】黒岩容子

法と経営研究　上村達男・金城亜紀 責任編集

第７号　菊変・並製・226頁　定価4,950円（本体4,500円+税）

【対談】『制定法』は多彩な law の表現〔三瓶裕喜・上村達男〕
1　四十歳 パイオニアの軌跡　米国弁護士 本間道治〔平田知広〕
2　新しい株式会社（観）を考える〔末村　篤〕
3　会社解散命令と取締役の資格剝奪制度について〔西川義晃〕
4　日本における取締役会構成の現状と多様性確保のためのルールメイキング〔菱田昌義〕
5　連結会計制度と総合商社の事業投資〔畑　憲司〕
【連載】久世暁彦・佐藤秀昭　　【講演記録】上村達男
【大人の古典塾】近藤隆則　　【コラム】尾関　歩・田島安希彦・内藤由梨香

メディア法研究　鈴木秀美 責任編集

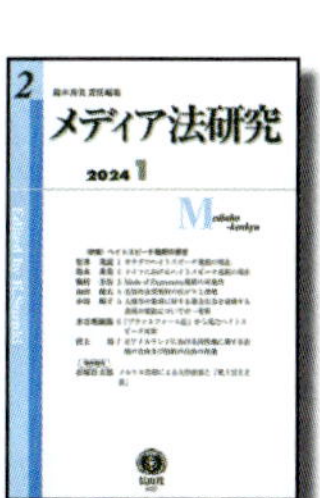

第２号　菊変・並製・192頁　定価3,960円（本体3,600円+税）

特集 ヘイトスピーチ規制の現在

1　カナダのヘイトスピーチ規制の現在〔松井茂記〕
2　ドイツにおけるヘイトスピーチ規制の現在〔鈴木秀美〕
3　Mode of Expression 規制の可能性〔駒村圭吾〕
4　差別的表現規制の広がりと課題〔山田健太〕
5　人種等の集団に対する暴力行為を扇動する表現の規制についての一考察〔小谷順子〕
6「プラットフォーム法」から見たヘイトスピーチ対策〔水谷瑛嗣郎〕
7　北アイルランドにおける同性婚に関する表現の自由及び信教の自由の保護〔村上　玲〕
【海外動向】メルケル首相による AfD 批判と「戦う民主主義」〔石塚壮太郎〕

農林水産法研究　奥原正明 責任編集

第４号　菊変・並製・168頁　定価3,300円（本体3,000円+税）

Ⅰ　政策提案

農地の集積・集約化に関する政策提案〔奥原正明〕／「未来の農業を考える勉強会」の提言について〔平木　省〕／三重県の新たな農地利用の取り組み〔浅井雄一郎、村上　亘〕

Ⅱ　2024年に制定された農林水産法について

基本政策〔大泉一貫〕〔佐藤庸介〕／有事対応〔小嶋大造〕／農地関連法〔奥原正明〕／スマート農業〔井上龍子〕／水産業〔辻　信一〕

法と社会研究　太田勝造・佐藤岩夫・飯田 高 責任編集

第９号　菊変・並製・168頁　定価4,180円(本体3,800円+税)

【巻頭論文】法社会学とはどのような学問か〔馬場健一〕

【特別論文】法社会学における混合研究法アプローチの可能性〔山口　絢〕

『日本の良心の囚人』の執筆について〔ローレンス・レペタ〕

「社会問題」を発信する法学者〔郭　薇〕

小特集 弁護士への信頼と選択

村山眞維、太田勝造、ダニエル・H・フット、杉野 勇、飯 考行、石田京子、森 大輔、椛嶋裕之

法の思想と歴史　大中有信・守矢健一 責任編集［創刊　石部雅亮］

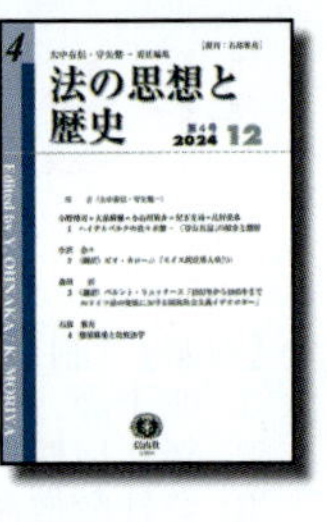

第４号　菊変・並製・164頁　定価4,180円(本体3,960円+税)

序　言［大中有信・守矢健一］

1　ハイデルベルクの佐々木惣一「洋行日記」の紹介と翻刻
〔小野博司＝大泉陽輔＝小石川裕介＝兒玉圭司＝辻村亮彦〕

2　(翻訳)ピオ・カローニ『スイス民法導入章』(1)〔小沢奈々〕

3　(翻訳)ベルント・リュッタース「1933年から1945年までのドイツ法の発展における国民社会主義イデオロギー」〔森田　匠〕

4　穂積陳重と比較法学〔石部雅亮〕

法と文化の制度史　山内　進・岩谷十郎 責任編集

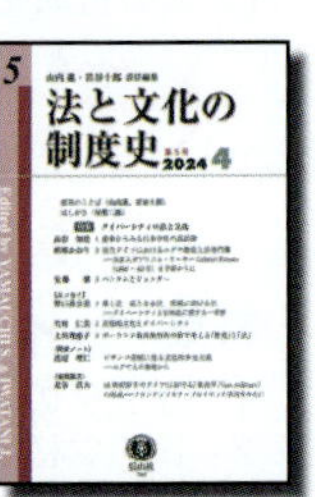

第５号　菊変・並製・140頁　定価4,180円(本体3,800円+税)

特集　ダイバーシティの法と文化

1　能楽からみる日本中世の訴訟像〔高谷知佳〕

2　近代ドイツにおけるユダヤ教徒と法専門職〔的場かおり〕

3　ベンタムとジェンダー〔安藤　馨〕

【エッセイ】1　導く法，矩となる法，実現に向ける法〔野口貴公美〕

2　差別的文化とダイバーシティ〔竹村仁美〕

3　ポーランド最高裁判所の前で考える「歴史」と「法」〔上田理恵子〕

【研究ノート】ビザンツ帝国に見る文化的多元主義〔渡辺理仁〕

【査読論文】18世紀前半のドイツにおける「軍法学」(ius militare)の形成〔北谷昌大〕

人権判例報　小畑　郁・江島晶子 責任編集

第８号　菊変・並製・144頁　定価3,520円(本体3,200円+税)

【速報】国家の積極的義務が認められた事例〔馬場里美〕

【論説】1　ヨーロッパ人権裁判所とロシアの関係〔佐藤史人〕

2　ガザ地区におけるジェノサイド条約適用事件〔根岸陽太〕

【判例解説】渡辺　豊・尋木真也・河合正雄・黒岩容子・和仁健太郎・毛利　透・兵田愛子

〔法と哲学新書〕

法律婚って変じゃない？ 新書・並製・324頁　定価1,628円（本体1,480円+税）
山田八千子 著
安念潤司・大島梨沙・若松良樹・田村哲樹・池田弘乃・堀江有里 著

ウクライナ戦争と向き合う 新書・並製・280頁　定価1,320円（本体1,200円+税）
井上達夫 著

くじ引きしませんか？ 新書・並製・256頁　定価1,078円（本体980円+税）
瀧川裕英 編著
岡﨑晴輝・古田徹也・坂井豊貴・飯田　高 著

タバコ吸ってもいいですか 新書・並製・264頁　定価1,078円（本体980円+税）
児玉　聡 編著
奥田太郎・後藤　励・亀本　洋・井上達夫 著

社会保障法研究　岩村正彦・菊池馨実 編集

第21号　菊変・並製・180頁　定価3,850円（本体3,500円+税）

特集 困難を抱える若者の支援

第１部 座談会〔困難を抱える若者の現況と支援のあり方〕
菊池馨実・朝比奈ミカ・遠藤智子・前川礼彦・常森裕介・嵩さやか

第２部 研究論文
困難を抱える若者の社会保障〔常森裕介〕
こども・若者の自立と生活保護制度〔倉田賀世〕
若年障害者の自立・社会参加に向けた法政策上の課題〔永野仁美〕

【立法過程研究】次元の異なる少子化対策と安定財源確保のためのこども・子育て支援の見直しについて〔東　善博・渡邉由美子〕

岩村正彦・菊池馨実 監修
社会保障法研究双書

社会保障法を法体系の中に位置づける理論的営為。政策・立法の検討・分析のベースとなる基礎的考察を行なう、社会保障法学の土台となる研究双書。

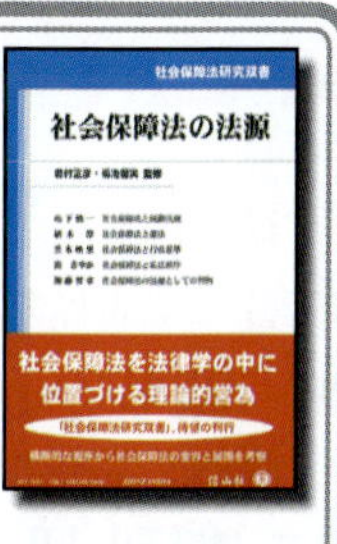

社会保障法の法源

山下慎一・植木 淳・笠木映里・嵩さやか・加藤智章 著
菊変・並製・210頁　定価2,200円（本体2,000円+税）

研究雑誌「社会保障法研究」から、〈法源〉の特集テーマを１冊に。横断的な視座から社会保障法学の変容と展開と考察。

国際法研究　岩沢雄司 中谷和弘 責任編集

第14号　菊変・並製・228頁　定価4,620円(本体4,200円+税)

WTO 貿易と環境委員会の教訓〔早川　修〕
EU における自由貿易と非貿易的価値との均衡点の模索〔中村仁威〕
越境サイバー対処措置の国際法上の位置づけ〔西村　弓〕
条約の締結と国会承認〔大西進一〕
気候変動訴訟における将来世代の権利論〔鳥谷部壌〕
エネルギー憲章条約と EU 内投資仲裁〔湊健太郎〕
「代理占領」における非国家主体としての武装集団とその支援国家との関係が派生する種々の法的帰結に関する考察（下）〔新井　穣〕
千九百九十四年の関税及び貿易に関する一般協定第 21 条の不確定性（下）〔塩尻康太郎〕
【書評】中村仁威著『宇宙法の形成』（信山社，2023 年）〔福嶋雅彦〕
【判例 1】カンボジア特別法廷における JCE 法理〔後藤啓介〕
【判例 2】潜在的受益適格者数，賠償金額の算出，共同賠償責任，強姦および性的暴力の結果生まれた子どもの直接被害者認定〔長澤　宏〕

ＥＵ法研究　中西優美子 責任編集

第15号　菊変・並製・140頁　定価3,740円(本体3,400円+税)

【巻頭言】航空分野における EU 排出量取引制度(EU-ETS)〔中西優美子〕
ビジネスと人権〔上田廣美〕
ヨーロッパにおける COVID-19〔石村　修〕
EU 法と地方自治〔原田大樹〕
EU におけるデジタルガバナンス〔寺田麻佑〕
EU における畜産動物福祉法〔本庄　萌〕

法と哲学　井上達夫 責任編集

第10号　菊変・並製・396頁　定価4,950円(本体4,500円+税)

【巻頭言】この世界の荒海で〔井上達夫〕

特集Ⅰ 戦争と正義

松元雅和・有賀　誠・森　肇志・郭　舜・内藤葉子

特集Ⅱ 創刊 10 周年を記念して

【特別寄稿】カントの法論による道徳と政治の媒介構想についての一考察〔田中成明〕
【『法と哲学』創刊 10 周年記念座談会】『法と哲学』の「得られた 10 年」，そして目指す未来
〈ゲスト〉加藤新太郎／松原芳博／宇野重規／中山竜一／橋本祐子
〈編集委員〉井上達夫／若松良樹／山田八千子［司会］／瀧川裕英／児玉聡／松元雅和
【書評と応答】浅野有紀・玉手慎太郎・西　平等・若松良樹・井上達夫

憲法研究　辻村みよ子 責任編集

第15号　菊変・並製・180頁　定価:3, 960円(本体3, 600円+税)

特集 日本の人権状況への国際的評価と憲法学【企画趣旨:毛利　透】

国際組織・国際 NGO の人権保障のための諸活動と憲法学〔手塚崇聡〕
日本における国内人権機関の可能性〔初川　彬〕
国家主体の国籍から個人主体の国籍へ〔髙佐智美〕
外国人の退去強制手続に際しての身柄収容に対する国際人権基準からの評価と憲法〔大野友也〕
ジェンダー不平等に関する国際指標のレレバンスについて〔西山千絵〕
日本の人権状況への「国際的評価」を評価する〔齊藤笑美子〕
憲法上の権利としての親権と国際人権〔中岡　淳〕
報道の自由〔君塚正臣〕
人権条約における憎悪扇動表現規制義務と日本の対応〔村上　玲〕
民族教育の自由と教育を受ける権利〔安原陽平〕
【投稿論文】議会における規律的手段の日英議会法比較〔柴田竜太郎〕
【書評】赤坂幸一『統治機構論の基層』〔植松健一〕／森口千弘『内心の自由』〔堀口悟郎〕

行政法研究　宇賀克也 創刊（責任編集：1～30号）　行政法研究会 編集（31号～）

第58号　菊変・並製・256頁　定価:4, 620円(本体4, 200円+税)

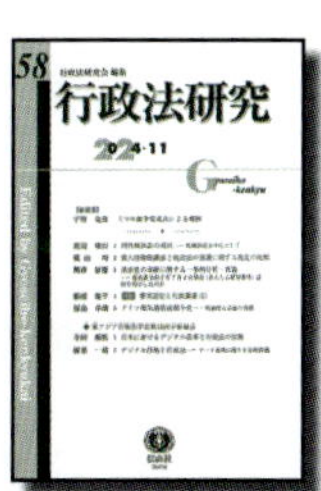

【巻頭言】スマホ競争促進法による規制〔宇賀克也〕
1　同性婚訴訟の現状〔渡辺康行〕
2　個人情報保護法と統計法の保護に関する規定の比較〔横山　均〕
3　違法性の承継に関する一事例分析・再論〔興津征雄〕
4　〈連載〉事実認定と行政裁量（1）〔船渡康平〕
5　ドイツ電気通信法制小史〔福島卓哉〕

東アジア行政法学会第 15 回学術総会

1　日本におけるデジタル改革と行政法の役割〔寺田麻佑〕
2　デジタル技術と行政法〔稲葉一将〕

民法研究 第2集　大村敦志 責任編集

第11号〔フランス編2〕　菊変・並製・184頁　定価3,960円(本体3,600円+税)

第 1 部　ボワソナードと比較法，そして日本法の将来

はじめに〔山元　一〕
ボワソナードの立法学〔池田眞朗〕
「フランス民法のルネサンス」その前後〔大村敦志〕
ボワソナードの比較法学の方法に関する若干の考察〔ベアトリス・ジャリュゾ（辻村亮彦 訳）〕
「人の法」を作らなかった二人の比較法学者〔松本英実〕
失われた時を求めて〔イザベル・ジロドゥ〕

第 2 部　講　演

【講演 1】フランス契約法・後見法の現在
　トマ・ジュニコン（岩川隆嗣 訳）、シャルロット・ゴルディ＝ジュニコン（佐藤康紀 訳）
【講演 2】連続講演会「財の法の現在地」
　横山美夏、レミィ・リブシャベール（村田健介 訳、荻野奈緒 訳）

研究雑誌一覧

信山社の研究雑誌は、
確実にお手元に届く定期購読がおすすめです。
書店・生協・Amazonや楽天などオンライン書店でもお買い求めいただけます。

2024年12月現在

憲法研究　辻村みよ子 責任編集　既刊15冊　年2回(5月・11月)刊
変容する世界の憲法動向をふまえて、基礎原理論に切り込む憲法学研究の総合誌

行政法研究　宇賀克也 創刊（責任編集：1～30号）
行政法研究会 編集（31号～）　既刊58冊　年4～6回刊
重要な対談や高質の論文を掲載、行政法理論の基層を探求し未来を拓く！

民法研究 第2集　大村敦志 責任編集　既刊11冊　年1回刊
国際学術交流から日本民法学の地平を拓く新たな試み

民法研究（1～7号 終）　広中俊雄 責任編集　全7冊　終刊
理論的諸問題と日本民法典の資料集成で大枠を構成、民法理論の到達点を示す

消費者法研究　河上正二 責任編集　既刊15冊　年1～2回刊
消費者法学の現在を的確に捉え、時代の変容もふまえた確かな情報を提供

環境法研究　大塚　直 責任編集　既刊20冊　年2～3回刊
理論・実践両面からの環境法学の再構築をめざす、環境法学の最前線がここに

医事法研究　甲斐克則 責任編集　既刊9冊　年1回刊
「医療と司法の架橋」による医事法学のさらなる深化と発展をめざす

国際法研究　岩沢雄司・中谷和弘 責任編集　既刊14冊　年1回刊
国際法学の基底にある蓄積とその最先端を、広範かつ精緻に検討

ＥＵ法研究　中西優美子 責任編集　既刊15冊　年1～2回刊
進化・発展を遂げるEUと〈法〉の関係を、幅広い視野から探究するEU法専門雑誌

法と哲学　井上達夫 責任編集　既刊10冊　年1回刊
法と哲学のシナジーによる〈面白き学知〉の創発を目指して

社会保障法研究　岩村正彦・菊池馨実 編集　既刊21冊　年1～2回刊
法制度の歴史や外国法研究も含め政策・立法の基礎となる論巧を収載

法と社会研究　太田勝造・佐藤岩夫・飯田　高 責任編集　既刊9冊　年1回刊
法と社会の構造変容を捉える法社会学の挑戦！法社会学の理論と実践を総合的考察

法の思想と歴史　大中有信・守矢健一 責任編集　既刊4冊　年1～2回刊
【石部雅亮 創刊】法曹の原点に立ち返り、比較史的考察と現状分析から、法学の「法的思考」に迫る

法と文化の制度史　山内　進・岩谷十郎 責任編集　既刊5冊　年2回予定
国家を含む、文化という広い領域との関係に迫る切り口を担保する

人権判例報　小畑　郁・江島晶子 責任編集　既刊8冊　年2回刊
人権論の妥当普遍性の中身を問う。これでいいのか人権論の現状

ジェンダー法研究　浅倉むつ子・二宮周平・三成美保 責任編集　既刊11冊　年1回刊
既存の法律学との対立軸から、オルタナティブな法理を構築する

法と経営研究　上村達男・金城亜紀 責任編集　既刊7冊　年2回刊
「法」と「経営」の複合的視点から、学知の創生を目指す

メディア法研究　鈴木秀美 責任編集　既刊2冊　年1回刊
メディア・放送・表現の自由・ジャーナリズムなどに関する法学からの総合的検討

農林水産法研究　奥原正明 責任編集　既刊4冊　年2回刊
食料安全保障を考える。国際競争力のある成長産業にするための積極的考察・提案

詳細な目次や他シリーズの書籍は、
信山社のホームページをご覧ください。

https://www.shinzansha.co.jp
またはこちらから →

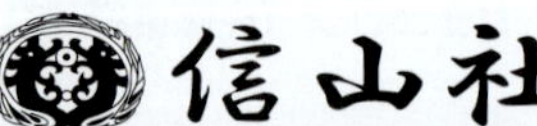

〒113-0033　東京都文京区本郷6-2-9
TEL:03-3818-1019　FAX：03-3811-3580